产品设计思维

PRODUCT DESIGN THINKING

洛可可创新设计学院　编著

电子工业出版社.

Publishing House of Electronics Industry

北京·BEIJING

内容简介

本书作为洛可可创新设计学院系列图书的第一本，就是要把洛可可的设计思维和商业实战经验分享给大家。此书中重新定义了"产""品""设""计"，清晰地展现了设计师脑中的创新路径。设计的核心原则是以用户为中心，设计的核心价值是以创新为驱动，这两点作为产品设计最上层精神理论。产品设计被分为理性的研究＋感性的创意两个重要阶段，只有好的研究才能指导出好的设计。设计师头脑中的"创意"不是点状思维突发的"灵感"，而是通过顺畅的路径曲线图推导而来的，只是不同产品需要的创新突破口所在的区域不同而已。掌握完整ID mind 创新头脑法则才能真正成为一名优秀的设计师！

图书在版编目（CIP）数据

产品设计思维 / 洛可可创新设计学院编著. -- 北京：电子工业出版社，2016.10
ISBN 978-7-121-29965-0

Ⅰ. ①产... Ⅱ. ①洛... Ⅲ. ①产品设计 Ⅳ. ①TB472

中国版本图书馆CIP数据核字(2016)第229087号

主　　编：孟宪志　王晓丹
执行主编：张正峰
责任编辑：姜　伟
特约编辑：刘红涛
印　　刷：北京捷迅佳彩印刷有限公司
装　　订：北京捷迅佳彩印刷有限公司
出版发行：电子工业出版社
　　　　　北京市海淀区万寿路173信箱　　邮编：100036
开　　本：787×1092　1/16　　印　张：12.25　　字　数：254.8千字
版　　次：2016年10月第1版
印　　次：2024年1月第17次印刷
定　　价：69.90元

凡所购买电子工业出版社图书有缺损问题，请向购买书店调换。若书店售缺，请与本社发行部联系，联系及邮购电话：（010）88254888，88258888。
质量投诉请发邮件至 zlts@phei.com.cn，盗版侵权举报请发邮件至 dbqq@phei.com.cn。
服务热线：（010）88254161～88254167转1897。

高 密 度 L E D 显 示 屏

ROE 雷迪奥黑玛瑙 DESIGN BY LKK

上页图所示的雷迪奥黑马瑙是 LKK 洛可可获奖最多的一款产品，拿了众多世界级的设计大奖，其中包括 IF 金奖和红点的至尊金奖。

一款好的产品应具备解决问题的实用价值，而不只是拥有炫酷的外观价值。

在本书开始希望大家能思考一下好产品、好设计、好造型的意义。

雷迪奥 黑玛瑙 LED 显示屏设计

项目背景

"黑玛瑙"由 LKK 洛可可和创意类 LED 显示屏的专业制造商雷迪奥光电技术公司联合研发而成。它是一款将精简做到极致的，适用于大型舞台的 LED 屏幕模块。

挑战

区别于市场上体积大、笨重、组装烦琐的传统拼接屏，黑玛瑙使用铝镁合金材料打造轻盈质感，具有磁铁吸附、快速组合、无缝拼接等特点，可广泛应用于各种大型活动、展览会及地标建筑。

解决方案

"黑玛瑙"的创新优势集中体现在以下几个方面：

轻便：打破市场上传统 LED 拼装屏 10kg 以上重量的现状。

精简："精简"是这款产品的设计精髓，每个小块保持独立拆卸。

节能低耗：采用高像素密度技术，图像极为逼真。

唱吧麦克风
Industrial Design
红点获奖作品

上上签
Industrial Design
红点获奖作品

reddot

空气净化器
Industrial Design
欧姆龙
IF 获奖作品

高 密 度 L E D 显 示 屏

ROE 雷迪奥黑玛瑙 DESIGN BY LKK

iF

黑玛瑙 LED 显示屏
Industrial Design
雷迪奥
IF 金奖、红点的至尊金奖、
IDEA 获奖作品……

reddot

ENGINEERING
EQUIPMENT
ABB 盈控 I/O
红点获奖作品

巧克力移动电源
Industrial Design
米粒
红点获奖作品

reddot

reddot

LKK

序一

LKK 洛可可创始人、
洛客创始人贾伟

记得 2011 年，就答应过出版社要写一系列关于设计的书，当时答应得特别痛快，觉得一年的时间怎么也能写一两本。每年出版社的负责人都催我一两次，问我写得怎么样了，我都在找不同的借口说还没完成。一晃就是 5 年，发现真的一个章节都没写。做设计师二十多年了，创办洛可可也有 12 年了，每年都有超过 50 次演讲，获得几十个国内外奖项，有几百个设计案例，其实出本书本应该不是一件难事，但最终发现自己是个懒人，没有把这些变成文字与大家分享。一个月前，洛可可创新设计学院的创始人王晓丹突然跟我说，她准备了半年，要为洛可可出第一本书，我惊讶地问她为什么要出这本书，她说实在看不下去出版社年年催我，而且成立设计学院 4 年了，累计培养了两万多名设计专业学生，为知名企业与洛可可也累计输送了近两千多名优秀设计师，她希望通过设计学院出一本书，来对这 12 年在洛可可的经验、案例、奖项做个总结，分享给洛可可近千名设计师和更多的人。晓丹还跟我商量这本书的名字，我说就叫《产品设计思维》吧，因为前两年有太多的人讲互联网思维，洛可可创新设计学院作为一家设计公司，我希望让更多的人去了解设计思维，让更多的产品经理和设计师了解如何用互联网的理性思维和设计师的感性思维打造出完美的产品。这两年演讲我一直在讲设计思维，它与互联网思维的共同之处，都是以用户为核心、从用户的需求出发，但不同是，互联网思维强调连接和数据，设计思维更强调美学和创造性。我个人认为互联网思维相对更理性，而设计思维更感性。我经常说，互联网思维像一杯凉水，在炎热的夏天喝下去非常痛快并解渴；而设计思维像一杯热水，在寒冷的冬天带给我们温暖和关怀。很多人问我设计思维最重要的是什么，我说是想象力。一个产品从无到有，从设计师笔下的作品到工厂制造出的产品，到进入市场的商品，再到消费者手上的用品，最后被作为废品回收，所有产品的生命周期都像我们孕育一个新生命一样充满想象力和灵感。很多刚入行的设计师问我，灵感到底来自于哪里，关于灵感本书里总结了 4 字——看、思、学、做，设计师应该从美学的角度去捕捉一切美好的事物，思考如何让世界变得更美好，更多地学习、掌握设计的技能与设计思维，动手创作出一件件美妙的作品。其实设计没有那么难，设计师本就是借助器物之美，在点、线、面中修行的人，设计师的生存法则，就是通过自己的眼与手，创造美好的事物。其实这本书也做不到全面地阐释设计思维的真谛和洛可可几千款产品的设计经验，但我真心地感谢晓丹和老孟，以及学院的伙伴们，用自己近半年的业余时间，写出这本书，我相信这一定是一个很好的开始，我期待洛可可创新设计学院的系列设计图书的逐一到来。这也有利于鞭策我这个懒人，加快我的处女作尽快与大家见面。

LKK 洛可可创新设计学
院创始人、院长王晓丹

序二

很久之前，老贾就邀请我来做设计教育工作。一直以来我也都觉得应该有这样一个机构，用一种有别于高校的设计教育方式，来探索一条全新的设计教育之路。在我的学生时代，学习的是包豪斯的教育体系，这套教育体系经典，但有些陈旧。结合学工业设计的 7 年和设计一线工作实战的 10 年，感受到在学校所学的知识体系和商业实战设计存在脱节问题。而中国的工业设计成长了这么多年，设计思维却仍有待提升。加之优秀的设计师乃至设计大师少之又少，于是我在思考：我们应该做设计实战教育，打造一个实训平台，来实现设计专业的学生从学校到企业就业的零过渡。而目前大多设计机构的设计教育都停留在技能层面，而在培养和提升设计思维方面却存在诸多不足。想必是因为技能的学习见效快，有章法可循，而设计思维要求教育者不仅要有综合的设计技能，还要有丰富的商业实战经验，并要有所沉淀。这对于设计导师和设计教育机构的确都是很大的挑战。

LKK 洛可可设计集团用了 12 年的时间成为了工业设计的领导者。我们有了品牌，也有了话语权，而洛可可创新设计学院也有了数以千计的设计案例和优秀的设计导师，同时沉淀了一些设计方法和经验。学院成立 4 年以来，培训了近 20 000 名设计专业的学生，向集团内部及合作企业输送设计师 2 000 余名，并在实战教学中体现出制造与服务相结合、线上与线下相结合、创新与创业相结合。学院不是取代设计技能教育，我们做的是差异化教育，从学校到设计从业之间的过渡，做设计教育的"最后一千米"。扛起设计思维传播的大旗，从设计教育做起，培养更多具备创新思维的优秀设计师，打造设计界的黄埔军校。

我从事工业设计行业 10 年，从设计师到项目及大客户运营，再到设计管理，这些储备使得自己在技术、商务和管理层面都有所涉及，每个链条都有所接触。在这个时候，我以及洛可可无数个和我一样的设计师都有输出知识从而让更多人受益的责任感。对于以设计思维和设计实战为中心的设计教育工作，我们愿意尝试并探索这种全新的教育模式，将洛可可创新设计学院做成行业标杆。

《产品设计思维》作为洛可可创新设计学院系列图书的第一本，就是要把我们的设计思维和商业实战经验传递给大家，将案例分享给大家，让更多的人受益，与更多的人分享。此书中重新定义了"产""品""设""计"，清晰地展现了设计师脑中的创新路径。设计的核心原则是以用户为中心，设计的核心价值是以创新为驱动，这两点作为产品设计最上层的精神理论。产品设计被分为理性的研究和感性的创意两个重要阶段，只有好的研究才能指导出好的设计。设计师头脑中的"创意"不是点状思维突发的"灵感"，而是由顺畅的路径曲线图推导而来的，只是不同产品需要的创新突破口所在的区域不同而已。掌握完整的 IDmind 创新头脑法则才能真正成为一名优秀的设计师！

LKK

序三

LKK 洛可可创新设计
学院副院长孟宪志

"设计一生，一生设计。"这是我在学生时代写给自己的一句话，转眼间已经从事产品设计工作 10 年有余，时间如白驹过隙，忙碌中走到今天。有过通宵熬夜的艰辛，也有过产品上市的喜悦。作为一个设计师，拥有上百款产品成功上市的成就；作为一个管理者，带领团队成为中国最优秀的产品创新策略专家；作为一个部门总经理，致力于把以贾伟先生命名的设计顾问机构打造为设计界的高端品牌。服务过的客户横跨文化产品、消费电子、健康医疗、生活家居、机械设备等多个行业，都为该领域的领先企业。现如今作为一个教育者我希望能把这么多年的设计与管理经验传播给大家。早期的产品设计师大多被认为是产品美工（因为在早期的市场环境中，多数产品只要有个好的外形就会赢得市场），对于这样的观点我持中立态度，我认为一个好的产品设计，必须拥有一个好的外观，因为消费者第一感知大都来自产品的外观，但可以肯定的是外观绝不是产品设计的全部，好的产品设计源于"产品之美"。设计师需要清晰地理解本书中的审美三境界，需要学会审美的换位思考，只有这样才能更好地理解"产品之美"。"产""品""设""计"大家是非常熟悉的，甚至你的专业就是这 4 个字，但你是否真正思考过这几个字的深刻含义与内在逻辑关系呢？那才是打开脑洞掌握设计师思维的关键，设计师的思维路径是设计师的核心竞争力。积跬步至千里，没有一项成就是一蹴而就的，但是从 A 点到 B 点的前行过程中能否找到捷径才是制胜的关键，对于设计师而言，掌握完整成熟的设计思维路径才能最高效地完成优秀的设计方案，是否具备这个 IDmind 创新头脑法则是加速成为优秀设计师的关键。如何做到"产品之美"，关键在于掌握本书中的设计思维路径，并且活学活用，在日常生活中善用设计师的思维去发现问题与解决问题。

行业大咖推荐

本书讲述了产品设计的本质，从意识层面和操作层面对产品设计做了创新的理解，读者应抓住本书中设计思维的核心点，学会转化，在日常生活中善用设计师的思维去思考问题。

LKK 洛可可创新设计学院设计讲师　张正峰

作为一个有 30 年工作经验的设计人，我有几个思考供年轻设计人参考：

我们设计人应该对这个时代给我们的机会保持敬畏和感恩之心。试想一个设计人如果活在三四十年前的中国；当时的设计环境顶多就是提供画电影海报或者工匠之类的工作。一个拥有再高设计天分的人也是英雄无用武之地。

设计人应该把设计作为一生的志向，而不只是一份糊口的工作。所以设计人必须要回应这个时代赋予我们的责任，挺起中国设计的脊梁，不只是争一口气，更是为下一代中国设计师树立一个典范。中国制造已经为世界做出巨大的贡献，未来世界将因为中国设计而地动山摇！

设计人要学会站在巨人的肩膀看世界，在互联网时代，设计行业的知识、管理和工具瞬息万变，为了做到事半功倍，作为设计人除了要与时俱进，更要善用设计前辈的经验，来撬动、探索设计在商业协作的各种可能性。

LKK 洛可可是中国最大的设计公司，在多年的设计实践中累积了大量的优秀案例和经验，此次由洛可可创新设计学院主导，将这些宝贵的经验付梓成书，分享给有志从事设计工作的设计人，这本书也是对我以上三个思考的呼应！

特此为之写序推荐！

艺有道设计公司创始人 / LKK 洛可可文创总监　邱丰顺

人、环境、需求、产品，这四者的关系密不可分，人与环境背后所需求的产品可以产生很多的细分，包括概念、模型、手板、制造、生产、销售、使用、体验、反馈、维修等，一名真正的产品设计师需要用创新的设计思维为各方面找到最合理的平衡。在对产品设计的理解方面，《产品设计思维》的确给我们上了生动的一课。

LKK 洛可可创新设计集团供应链管理公司总经理　邓泽茂

我和 LKK 洛可可的贾伟联合发起了"新物种实验"运动。在发起"新物种实验"运动的过程中，我发现洛可可团队对产品设计独特的思维角度和新锐的产品解析能力有着非同一般的敏感和洞见。我也曾提议，希望贾伟能够整理一下洛可可在设计领域多年积累的产品设计内容，以及产品设计背后所蕴含的设计思维，来与更多的人分享。我认为，好的设计思维不仅能够打造好的产品物态，往往更能够代表对外物思考的哲理沉淀。我虽不是设计专业出身，在却发现基于设计"少即是多"的思考，也同样适用于新的互联网时代的产品留白思维。甚至在其他诸多领域都曾探知到"少即是多"这种设计思维所带给人们的精要主义启示。因此产品设计思维的解读不仅仅局限于工业产品设计，更能够清晰地呈现这个时代人们对产品的认知需求，也更像是人类思维活动的底层代码。《必然》这本书中也曾提到过一个观点，"增长源于对已有资源的重新安排后使其产生更大的价值，增长源于重混"。产品设计思维的萃取，让它作为一种资源重混在读者的思维中，其意义不仅在于洞开对设计思维的崭新认识，还在于构建读者既有思考体系与设计思维体系的重混。设计思维会重构未来产品内容的生产与分发、创意与设计机制，也会重组既有的工业产品要素。洛可可 12 年工业设计领域的经验积累，其中大量在实践中积累的优秀产品案例，在我看来都是柔性设计思维的物化体现，完美塑造的一个个新物种。每份产品案例背后呈现的更多的是对产品本身的思考，此次在洛可可创新设计学院主导下成书得以读见，收获颇多。祝贺洛可可创新设计学院《产品设计思维》的出版，任何行业都应该多看看产品设计思维，打破门户之见，一定会有启发，尤其是在互联网时代专注于工业产品设计领域的创新者。

罗辑思维联合创始人，中国电商委秘书长　吴声

很多产品设计服务机构、企业和设计师还有相当一部分在"自我世界"里陶醉，以自我的常识和经验对某一产品的理解去预估一个群体用户的期望价值，且缺乏足够的信息收集和分析，导致很多产品在形式上时尚华丽，但最终却缺乏市场认同度，这除了销售的原因，更多的还是对消费者期望价值的深度剖析不够造成的，《产品设计思维》讲述了设计的原则是以用户为中心，设计的核心价值是以创新为驱动，强调了好的设计应该是理性的研究加感性的创意，通过看、思、学、做来重新认识产品设计，很好地总结了如何成为一名优秀的设计师。

波音公司研究主管 / 资深设计工程师　王军伟

中国乃至全球顶尖的设计公司——洛可可出了第一本书，凝聚了其团队 12 年几千款产品设计的总结与思考。可谓实践出真知，绝对的干货！

小米联合创始人，畅销书《参与感》作者　黎万强

目 录

设计那
点事ID
设计师
核心？

第1章 审美思维

初级设计师常会这样说："我设计不出好的东西，是因为我的审美还不到位。"到底审美是不是设计师做出好设计的核心呢？设计师该如何对待审美这个话题呢？看到后面的一些审美小测试，相信大家会找到答案。首先我们要了解审美的概念。"审""美"到底是什么？我们需要追究其本源概念，也许能帮助我们更深刻地理解未来设计对美的理解。

1.1　审美的定义

美的本源

美 měi

会意字。金文字形，从羊，从大。本义：肥美。古人养羊肥大为美，把羊养肥了再吃，指代很好吃，味美。另外，羊是象形字，象征人佩戴羊角、牛角，古人认为这样很美。美的基本形态包括艺术美和现实美、外表美与内在美。其中现实美包括自然美、社会美、教育美。美，不仅要表面美，还要心灵美，这样才算真正的美，通常指使人感到心情愉悦的人或者事物。

作为设计师，应该具备善于挖掘最原始的本源的思维

美的基本形态包括艺术美和现实美、外表美与内在美

了解了美的本源，我们再来看看审美的定义。

审美亦称"审美活动"，即人所进行的一切创造美和欣赏美的活动，是满足人的精神需要的实践、心理活动，是理智与直觉、认识与创造、功利性与非功利性的统一。

丰富多彩的审美现象源自人的审美活动，而审美活动是人类生存的一种方式，它包括对世界与对自身的一种理解，也包括对某种行为方式的认同。从广义上说，美学不仅是对人的生存方式及其内涵的思考，同时也融于生存方式中，因为审美活动本身就实践、体现着美。审美活动更直接指明了审美现象中主体方面的状况，因为在审美活动中，主体是动态的，是有实践性的，同时也是生存性的。审美的目的就是需求的实现，审美活动一旦发生，由于其性质所致，它必然向审美境界发展，审美活动是在对象之中的活动，是主、客体合一的活动。另外，如果对审美经验进行具体分析，可以看出审美是主体的自我超越，是对对象的投入。从理论上分析，这种超越与投入，就是审美活动与实践的本质。主体以一个个体，一个与对象相对立的"我"出现，这种情况与对象分为现象与实体、材料与实体、材料与形式、意义与本质的情况类似，它和对象合为一体，共同进入一种非功利的状态，当进入这种境界时，可以说人在"美"之中。这种具体的超越使它获得的意义更模糊、更丰富。就获得的核心意义来说，抽象的超越获得的是"本质"，"本质"是对事物的陈述，它分离于事物。但在具体的超越中，人们面对事物直接的感性展示，并不在其"后"寻找"本质"，而是让事物就这样出现，即"存在"。在审美经验中，事物在如其所展示的那样存在着，同时向主体展示"意味"。"美"是看不见摸不着的，但总是存在于美的事物中，而美的事物之所以美，就在于它能给我们精神性的愉悦，应和着我们的审美活动。

由于审美是一种主观的活动，因此很多人会认为，审美只是人的一种特殊行为，在其他动物中不存在审美。其实不然，人们对动物是否存在审美这一行为的推测，很大程度上被人们的思维所左右，而并不是真正从动物的角度出发的，因此难免存在偏差，也很难说审美仅为人类所特有。

审美的范围极其广泛，包括建筑、音乐、舞蹈、服饰、陶艺、饮食、装饰、绘画等。审美存在于我们生活的各个角落。走在路上，街边的风景需要我们去审美；坐在餐馆，各式菜肴需要我们去审美……当然这些都是浅层次上的审美现象。我们研究审美，更应从高层次进行探讨，即着重审人性之美——不断追问自己的心灵，不断提高自己的审美情趣。美是促进事物和谐发展的客观属性激发出来的主观感受，是这种客观实际与主观感受的具体统一。人的审美追求，在于提高人的精神境界，促进与实现人的发展，在于使世界因为有我们而变得更加美好，这是和谐审美观的基本观点。审美是在理智与情感、主观与客观的具体统一上追求真理、追求发展的，背离真理与发展的审美，是不会长久存在的。

1.2　审美的意义

审美学

——哲学之美

从哲学的角度来看，审美是事物对立与统一的极好证明。审美的对立性显而易见，体现为它的个体性，即在每个时代或阶段，人们所处的环境、人们的年龄、人们的生活状态等或多或少地会对人们的审美观造成影响。

设计之美的"功利性"

——功能之美

苏格拉底曾经这样说明事物功能之美："任何一件东西如果它能很好地实现它在功用方面的目的，那么它就同时是善的又是美的，否则它同时是恶的又是丑的。"从这个观点出发，他特别强调美的相对性。例如，"盾从防御角度看是美的，矛则从射击的敏捷度和力量方面看是美的"。他甚至说："如果适用，粪筐也是美的，如果不适用，金盾也是丑的。"

日常生活中的点点滴滴

——发现之美

美源于生活，源于对事物的审美感知，源于人心灵深处的体验和无限的创造力。美无处不在，只要我们有善于发现美的眼睛和善于感知美的心理。

现实中审美存在的价值

——精神之美

人之所以需要审美，是因为世界上存在着许多东西需要我们去取舍，找到适合我们需要的部分，即找到了美的事物。套用顾城的"黑夜给了我黑色的眼睛，我却用它来寻找光明"，我们可以这样形容审美存在的价值："上帝为我们开启了心灵的窗户，我们用它来寻找美。"人的智慧从客观上决定了我们对美好事物的追求。动物只是本能地适应这个世界，而人们则可以通过自己的智慧发现世界上存在的许多美的东西，丰富自己的物质生活和精神世界，以达到愉悦自己的目的。

设计师系统认知的
审美三境界

1.3　审美三境界

要想成为一名优秀的设计师，不能逃避对于美的理解，我认为这一点很重要。艺术专业的学生都有自己的美学骄傲，经历了高中三年艺术专业的学习，又或者从小就开始了绘画学习的人更是如此，他们绘制的人物头像惟妙惟肖，喜欢描绘枯木、乞讨者等一些奇特之景，而这些却是经常被普通人忽略、淡化的东西。大学之前的训练更多的都是描绘当下、描绘现实、描绘外表等基础技能的学习。进入大学后分了专业，有的进入设计专业（立志成为设计师，设计师被誉为"众乐乐"），有的则进入了艺术专业（立志成为艺术家，艺术家被誉为"独乐乐"）。

下面我们通过两个案例及两个小测试让大家更深刻地了解设计师应该具备的审美能力——设计师的审美三境界。

境界一：描绘现实自然之美

描绘当下现实自然界中存在的实实在在的物的技能。

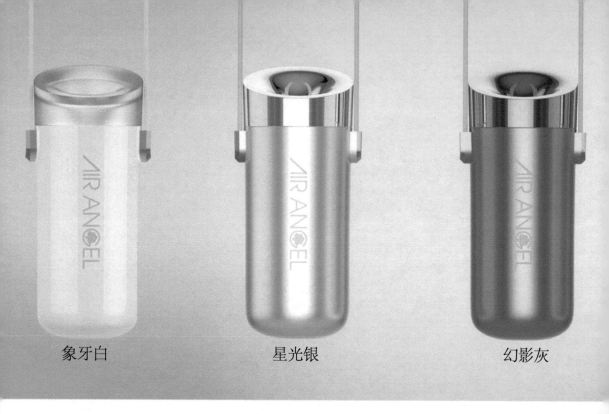

象牙白　　　　　　　　星光银　　　　　　　　幻影灰

境界二：创造未来产品之美

通过对现实自然之美的提取，创造出独一无二的未来产品的形态。

分享 / AIRANGEL 便携式空气净化器

全球最小的可随身携带的空气净化器，给传统的大型空气净化设备带来了创新性的变革，将首饰的概念与空气净化功能相结合。智能随身空气净化器，产品设计先进，技术有创新性，具有高品质、高净化效能、高性价比、低噪声、低能耗、零二次污染等特点。机身流畅的曲线源自于绽放的花朵，清新空气的质感用机头的透明材质来表现，净化端口的设计来源于马蹄莲造型，有呵护花蕊、呵护生命的含义。

AIR ANGEL

AIRANGEL Portable air purifiers

香槟金

产品在京东众筹上

拿到了突破千万的好成绩

已筹到   项目成功

11529685（RMB）

此项目在 2015 年 12 月 26 日前得到 100 000
（RMB）的支持，有 11 379 名支持者

设计提案视频展现

境界三：创造产品精神之美

产品最终应该是一种精神的表达，不仅要表面美，还要"心灵美"，

产品应该是器与道相融合。

牛首山高端商务礼品设计项目

1. 研究项目：确定内涵思想"春牛首"

项目组在进行这个项目时认为最难的是前期的研究，项目组看了大量的书籍，努力挖掘南京的文化、佛教的文化、牛首山的文化，看得越多越觉得没有思路。如何从杂乱的数据资料中确定出最具核心价值的知识点并进行延伸，得到未来的设计方向非常重要。最终梳理信息时，发现"春牛首"作为南京人一个古老的踏青习俗，从东晋时期一直延续到现在，并且"牛首烟岚"被列入"金陵四十八景"之一。

2. 提取元素进行创意：春牛首 / 南京人的习俗与情怀 / 中国人的佛禅文化传承

牛首山山势奇特，东西两峰对峙，状如牛头双角，牛首山由此而得名。山上自东晋以来寺院林立、梵音缭绕，钟磬之声相闻，烟雨楼台，恍若仙境，鼎盛时期寺庙有 32 座之多，"牛首烟岚"由此久负盛名。牛首山林木葱郁，泉石相映，秀色可餐，自明代始即有"金陵多佳山，牛首为最"之誉。每年清明前后，正值江南草长、莺歌燕舞时节，牛首山云蒸霞蔚，杂花生树，鸟语花香，泉水潺潺。每年一度的浴佛节热闹非凡，善男信女云集，踏青朝拜；金陵仕女或骑马、或乘轿，芸芸而来，"春牛首"之盛誉也由此而得。"春牛首"作为南京人一个古老的踏青习俗最早始于东晋，最盛于明清两代。从明代起，牛首山就负有"春牛首，秋栖霞"之美称。

牛首山 / 云蒸霞蔚 / 杂花生树 / 鸟语花香 / 泉水潺潺 / 每年一度的浴佛节善男信女云集牛首山 / 踏青朝拜

词语详解

器——器物本体，偏向外部形体

道——内涵思想，偏向内部精神

　　"空山、善水、莲禅、茶韵、凤鸟"合而为一，
形成向心之圆，寓意万物和谐，雅俗相容，共
求圆满而无所缺减之大境界；更象征天地间一
切自然与生灵，万宗归一，围绕着佛顶舍利，
衍生出这一片禅宗圣地。

春雨

CHUN YU

南京 / 牛首山 / 春雨茶壶

牛首山提案视频二维码

CHUN YU

南京 / 牛首山 / 春雨茶壶

这套茶具表达的是南京人的一份心意，送上一份"春牛首"，送给你的是春天——春天的生机，春天的活力……

沏茶的过程 1

打开茶盖看到双峰山形茶漏，双峰山形塑造的是牛首山，又被称为双阙山。

沏茶的过程 2

将干茶放入牛首山形茶漏上，预示春天即将到来。

沏茶的过程 3

倒入热水，干茶被沏开，茶叶重新焕发生机，变回绿色，喻示着春天的到来，热气象征着鼎盛的香火云蒸霞蔚，"牛首烟岚"景色被展现出来。

空山 KONGSHAN 空山

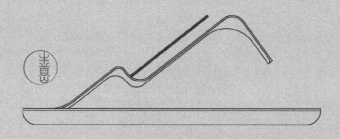

第一境"落叶满空山，何处寻行迹"　/　第二境"空山无人，水流花开"　/　第三境"万古长空，一朝风月"

词语详解

器——器物本体，偏向外部形体

道——内涵思想，偏向内部精神

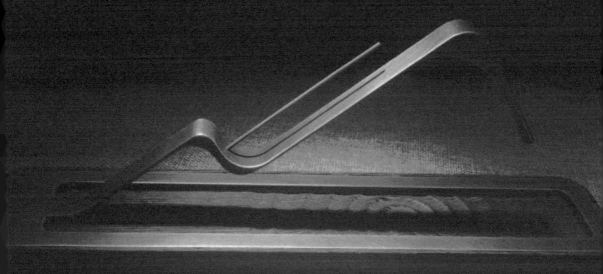

空山 KONGSHAN 空山

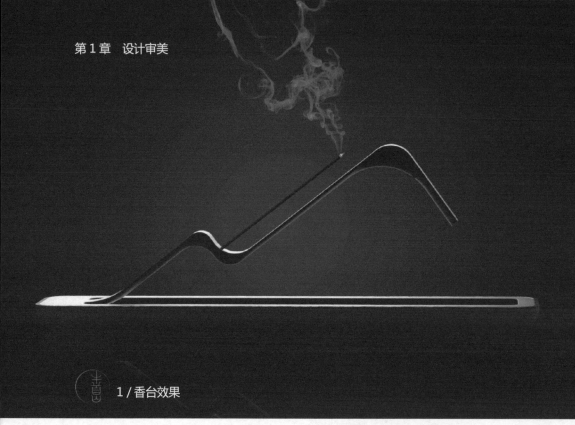

1 / 香台效果

空山香台 / 空山花台

第一境："落叶满空山，何处寻行迹"。

寓意自然茫茫寻禅不得，举目所见，无非客观对象。

第二境："空山无人，水流花开"。

虽然佛尚未寻到（也寻不到），但"水流花开"则喻示了对我执、法执已经有所破除的消息，"水流花开"是无欲非人的声色之境，水正流、花正开，非静心谛视无以观，观者正可以借此境以悟心。

第三境："万古长空，一朝风月"。

寓意时空被勘破，禅者于刹那间顿悟。

空山香台 / 花台项目视频

设计师需要换位思考——
换位审美

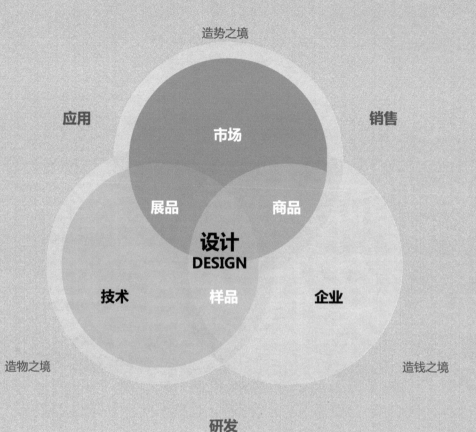

上图是市场、技术和企业三者的关系网图，每两者之间都存在交集，在现实中，三者都不会独立地存在。关系网的中心是设计，作为设计师，应站在不同的角度看问题，通过设计让企业的产品在市场中更好地销售。通过设计让技术和市场更好地展示，通过设计让技术和企业更好地结合。

1.4 换位审美

设计师所做的设计工作是一种服务行为，在整个设计网图中，设计被聚焦在中心。在设计工作中，经常会接触到不同类型的客户，或者是一个项目中不同节点的对接人员不同，他们关注的角度就会有所不同，思维方式也会不同。因此一定要与客户对接，与技术人员沟通，并进行分析以了解用户。

在整个过程中设计师要根据不同场景转换角色，善于用对方的思维角度看待问题，产品设计师需要拥有系统思维的能力，一个好的产品一定会经得住各个维度所带来的推敲。

词语详解
造物：从技术角度成就产品功能的实现
造钱：企业需要的是产品具有价值
造势：产品在市场上的优势与生活方式的倡导

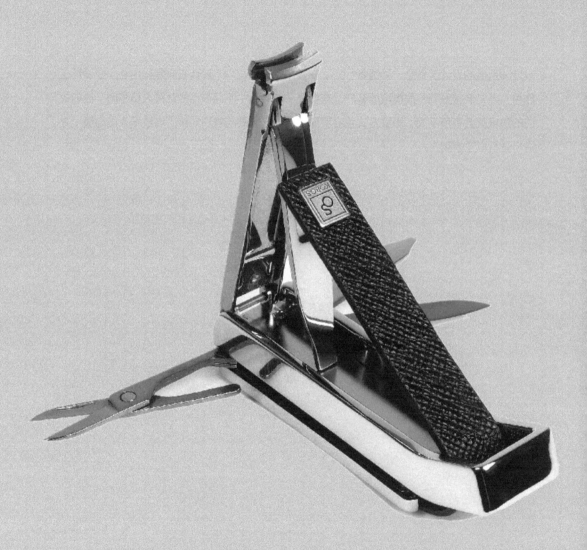

DESIGN BY LKK

设计变身 / 企业客户

需要时刻从客户的角度思考问题
设计师需要具备成熟的商业思维

这是一款非常经典的设计案例，设计师抓住商业上的创新这个要点，对产品进行设计梳理，产品颠覆了原有市场对指甲刀属于低端产品的原有认知，重塑产品定位，定义出新的生活方式，为客户赢得了巨大的商业价值。

炫彩指甲刀
INDUSTRIAL DESIGN

项目背景

环邦公司从事指甲刀营销十多年，代理韩国指甲刀第一品牌 777，在替 777 打开中国市场后，777 以厂家直销的身份正式入驻中国市场，给环邦带来了巨大的冲击。后环邦公司引进韩国指甲刀第二品牌科威尔，历史再次重演，并且所有精英被挖角。紧接着环邦找到 LKK 洛可可，设计开发第一款产品并在韩国注册新品牌"可宝"。

1. 材料创新

以用皮革包围金属的创意,替换了传统钢制材料,给人以温暖和时尚的感觉。

2. 结构工艺创新

在指甲刀 LOGO 部分加入磁粉,使皮革部分在打开后自动合并,解决了皮革与金属的有机结合问题。

3. 造型创新

尾部弧度的设计不仅便于配搭在钥匙扣上,也便于携带,而且使其看起来像古代的行船,寓意"男儿志在四方",也希望拥有它的人"一帆风顺"。

4. 色彩创新

7 种心情搭配 7 种色彩的指甲刀。

5. 人群定位创新

指甲刀的使用人群定位得更为明确——分别专门针对"男性"和针对"女性"的设计,使指甲刀更贴合人们的需要。

设计过程

客户要求设计一款 40 元的指甲刀，而在普通人的印象中，指甲刀都是天桥上 3.5 元一把的小工具。为小小的指甲刀做设计，且在自己一款产品都没有的情况下，居然做 40 元一把的指甲刀，实在让人难以想象。在详细沟通并经过大量的实地调研后，设计师们发现通过设计绝对能够使一把小小的指甲刀价值提升几倍，甚至能够推向设计业的"奥斯卡"——红点奖的高峰。这让设计师们激动不已，于是信心满满地接了这个项目。一个好的设计不单单是灵感的灵光一现，只有建立在理性研究基础上的创意才能产生真正的价值。因此接了这个项目后，设计师们开始了大量的前期调研分析工作。客户也根据经验和对市场的灵敏嗅觉提出了很多好的建议，并提供了市场上所有款式的指甲刀，以便设计师进行研究。望着满满一桌的指甲刀，贾伟突然在脑海里蹦出了疑问："为什么没有一款畅销的指甲刀是国内生产的？我们的指甲刀就真的卖不出去吗？"此疑问使他和设计师们推导出了新思路："为什么指甲刀的价格都不高？因为在我们心中，指甲刀就是一个家庭工具，而工具是放在角落里的东西。要想把小小的指甲刀卖到 40 元，需要的就是颠覆'工具'这个概念。"经过细致的研究和深入的思考后，设计师将未来设计的指甲刀定义为"时尚生活用品"，把用来解决日常问题的工具转变为增加生活乐趣和体现品位的时尚生活用品。而从一个家庭工具到时尚生活用品的转变，成为这个项目创新的源头。

7 种色彩 7 种心情

产品造型出炉了，颜色的选择又是一个难题。在设计之初，设计师们就决定采用明亮的色彩，因为女性对绚丽的事物总是没有抵抗力的，但是到底指甲刀要用什么颜色呢？老贾同志活跃的细胞又运动起来了，他说："那就做 7 种颜色吧，一周 7 天，7 种色彩，7 种心情，这样使用的人每天都过得绚丽多彩，而且可以把它们组成套装，以套装的形式销售，这样 7 种颜色放在一起既漂亮，在商业模式上又有了创新。"这个新奇的想法得到了可宝老板的肯定，并很快应用到实际经营中。我们又想到时尚生活用品一定要有趣味性，因此在这方面老贾和设计师们下了大功夫，他们在指甲刀的皮子上安装了磁粉，在打开指甲刀皮质外壳的时候，如果不使用，它会慢慢地恢复，最后自动合上，让使用的人有了新奇有趣的感觉，实现了产品和使用者的交流。

我们做工业设计的目的不仅仅是为了满足企业对产品形象或品牌形象塑造的要求，通过设计创新或改良使产品更具有市场竞争力，更为重要的是要发现生活，以人为本，让作品更贴近人的感受、人的体验，给人更多的乐趣。

设计变身 / 用户角色之变

（性别与年龄）
每个人都具备审美能力
审美不是设计师的专属

常规用户无非就是这"几个人"：男人、女人、老人、小孩、青年，
他们穿着自己喜欢的衣服，用着自己喜欢的产品。
每个人都有自己的审美，他们按照自己的审美挑选着自己喜欢的产品：
小朋友们喜欢颜色鲜亮、卡通、小动物、小汽车……
男士们喜欢时尚、精致、品质、汽车、科技……
女士们喜欢亮丽、艳丽、新鲜、潮流……

设计师需要做的是换位思考，
学会"换位审美"，
学会站在用户的
视角看产品

P36 ~ P37 页为一个审美小测试   请翻页后 5 秒内在两张图中做出选择

设计变身 / 设计者与用户

设计师需要把自己变成用户
设计出高于用户需求的产品

大众审美更多的是"知其然"，

设计师要掌握审美，不仅要"知其然"，还要"知其所以然"。

设计师都是在点、线、面中修行的人，

对设计师的要求是不仅会审美，而且同时能创作出符合大众审美的"未来产品"。

DESIGN BY LKK

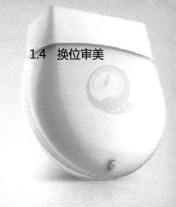

1.4 换位审美

Haier

Audi

55°

55°

GE-X

DESIGN BY LKK

1号车

不考虑价格因素，在两台车中选择你认为好看的那台，5秒以内做出判断

审美绝大多数表达的是人们对产品外观的感知，

对普通消费者来说，若进行大数据测试，2号车绝对会胜出。

大众的这款车也算得上是中国汽车史上的一个经典，

想当年拥有这样一款车是让人自豪的一件事情。

这也从侧面说明了随着时代的变化，人们的审美也会随之发生很大的变化。

2 号车

设计变身 / 用户角色之变

审美有着强烈的时代感

审美要符合一类人的喜好

企业总会这样要求

我需要一个优秀的产品占领这个市场，我要换代升级现有产品；重新夺回市场占有率；我要
开发一个全新的品类赢得未来市场；我需要一个漂亮的外观让产品赢得消费者的喜欢……

设计师总会这样说

这个产品颜色太丑，有人买才怪；这个产品质量太次了，用几次就会坏；产品太落后了，国
外早就有新的技术了；这个设计太不符合实际需要了……

发现问题、解决问题

不管是设计师，还是企业的这些要求或理解，其实表达的都是对产品外显特征的观点，是表
面化的，真正的产品设计的内在驱动都来源于消费者的需求。

产品的核心是用户。产品首先要满足用户的需求，解决用户在生活中遇到的问题。这样这个
产品才会变得有意义，并提供给用户一定的特定价值。与之相反，如果问题本身并不存在，
或者说解决方案没有对这个问题对症下药，那么这个产品将变得毫无意义，甚至没有用户会
使用，这也导致了产品的失败。对于错误的解决方案，我们可以修正；但对于本不存在的问题，
除了重新探索，我们无路可走。所以，怎样才能知道我们是否解决了真正的问题呢？其实任何
人都不会 100% 确信，但通过观察和访谈，我们可以大大减少风险。因此，我们需要发现问题，
形成用户真正想要的解决方案。不仅要从外观上提升产品的美感，还要从功能和用户体验方
面加以完善。其中涉及产品外观设计和产品结构设计这些专业性的工作，这些都是围绕着用
户需求入手的。发现问题，解决问题，更好地满足用户的需求，让用户在产品使用过程中获
得更好的体验。

用户

设计的核心就是发现和解决用户的问题

UCD（User Centered Design）

第 2 章　设计思维

设计的核心原则：
以用户为中心

2.1　设计的核心原则：以用户为中心

UCD（User Centered Design）是指以用户为中心的设计，是在设计过程中以用户体验为设计决策的中心，强调用户优先的设计模式。简单地说，就是在进行产品设计、开发、维护时，从用户的需求和用户的感受出发，以用户为中心进行产品设计、开发及维护，而不是让用户去适应产品。无论产品的使用流程、产品的信息架构、人机交互方式等如何，以 UCD 为核心的设计都要时刻高度关注并考虑用户的使用习惯、预期的交互方式、视觉感受等方面。

衡量一个好的以用户为中心的产品设计，可以有以下几个维度：产品在特定的使用环境下，为特定用户用于特定用途时所具有的有效性（effectiveness）、效率（efficiency）和用户主观满意度（satisfaction），延伸开来还包括对特定用户而言，产品的易学程度、对用户的吸引程度、用户在体验产品前后的整体心理感受等。

右图是设计的核心原则——以用户为中心的思考路径，作为设计师应该深入了解用户消费使用时的痛点，提取场景化的故事，关注科技，引爆产品，懂得生产制造的流程。

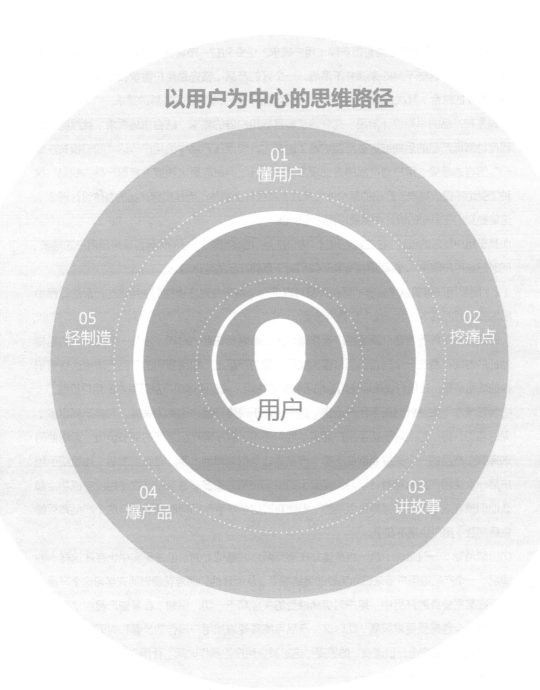

以用户为中心的思维路径

01 懂用户

05 轻制造

02 挖痛点

用户

04 爆产品

03 讲故事

2.1.1 以用户为中心的意义

（1）一个产品的来源可能有很多种：用户需求、企业利益、市场需求或技术发展的驱动。从本质上来说，这些不同的来源并不矛盾。一个好的产品，首先是用户需求和企业利益（或市场需求）的结合，其次是低开发成本，而这两者都可能引发对技术发展的需求。

①越是在产品的早期设计阶段，充分地了解目标用户群的需求，结合市场需求，就越能最大程度地降低产品的后期维护甚至回炉返工的成本。如果在产品中给用户传达"我们很关注他们"这样的感受，用户对产品的接受程度就会上升，同时能更大程度地容忍产品的缺陷，这种感受绝不仅仅局限于产品的某个外包装或者某些界面载体，而是贯穿产品的整体设计理念，这需要我们在早期的设计中就要以用户为中心。

②基于用户需求的设计，往往能对设计"未来产品"很有帮助，"好的体验应该来自用户的需求，同时超越用户需求"，这同时也有利于我们对于系列产品的整体规划。

（2）随着用户有着越来越多的同类产品可以选择，用户会更注重他们使用这些产品的过程中所需要的时间成本、学习成本和情绪感受。

①时间成本：简而言之，就是用户操作某个产品时需要花费的时间，没有一个用户会愿意将他们的时间花费在一个对自己而言仅为实现功能的产品上，如果我们的产品无法传达任何积极的情绪感受，让用户快速地使用他们所需要的功能，就无法体现产品最基本的用户价值。

②学习成本：主要针对新手用户而言，这一点对于网络产品来说尤为关键。同类产品很多，同时容易获得，那么对于新手用户而言，他们还不了解不同产品之间的细节价值，影响他们选择某个产品的一个关键点就在于哪个产品能让他们简单地上手。有数据表明，如果新手用户第一次使用产品时花费在学习和摸索上的时间和精力很多，甚至第一次使用没有成功，那么他们放弃这个产品的概率是很高的，即使有时这意味着他们同时需要放弃这个产品背后的物质利益，用户也毫不在乎。

③情绪感受：一般来说，这一点是建立在前面两点的基础上的，但在现实中也存在这样一种情况：一个产品给用户带来极为美妙的情绪感受，从而让他们愿意花费时间去学习这个产品，甚至在某些特殊的产品中，用户对情绪感受的关注高于一切。例如，在某些产品中，用户对产品的安全性感受要求很高，此时这个产品可能需要增加用户操作的步骤和时间，来给用户带来"该产品很安全、很谨慎"的感受，这时减少用户的操作时间，让用户快速地完成操作，反而会让用户感觉不可靠。

2.1.2 以用户为中心的重要性

设计发展至今，所面对的对象已经转变过很多次，如今，任何一种产品设计，如果希望得到用户的欣赏，就需要对用户尊重和关心。

1. 用户数量产生市场需求

市场并非由生产者、经营者、广告机构和质量监督单位等组成的，如果没有用户，这一切都变得没有意义。作为市场中最重要的买方，用户的决定将改变一个市场的方向，而当用户数量变多时，这种变化会呈数量级上升。

2. 用户喜好影响产品生命周期

如果用户认为某款产品失去了使用价值，那么该产品将面临淘汰，甚至彻底消失的状况。我们可以观察一下，现在身边还有多少移动设备的用户在使用 1.8、2.0 寸屏幕的手机呢？少之又少。原因就在于，传统的小屏幕移动手机本身无法一次性解决用户体验问题。首先，功能少，无法实现多种移动应用；其次，显示信息有限和操作受限制，小屏幕老化的界面设计不能带来愉悦的感官享受，在密密麻麻的按键限制下你也许只能用大拇指来操作；另外，有限的外观设计，从视觉上直接否定了使用档次。

3. 用户有挑选产品的能力

由于全球经济合作的影响，目前我们能够看到的任何产品大概都不会只有生产商在设计制造，那么产品的质量、差异化、可用性、易用性等变量，就逐渐成为用户挑选产品的参考因素。

4. 现实用户影响潜在用户

一个用户购买你的产品，并不能说明你的产品已经成功，而是表明你要准备好接受一系列严格的测试和评估，对于任何对产品不利的观点都可能会被用户无情地放大。

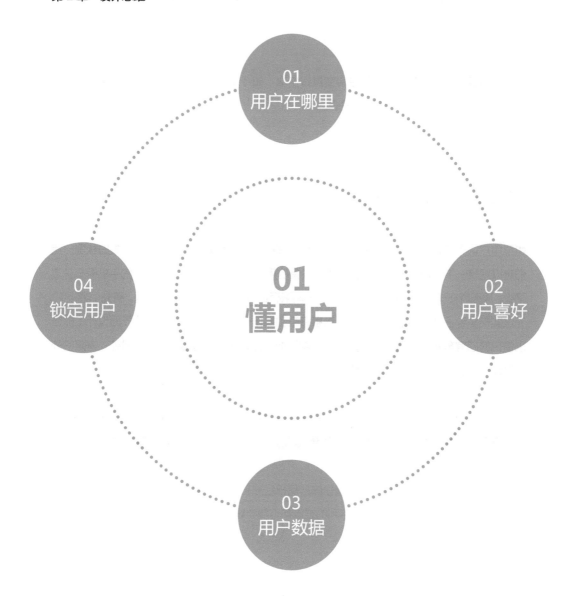

上图是以用户为中心的第一步"懂用户"，即首先要清楚你的用户在哪里，明白谁才是你真正的用户。学会甄别用户（制定硬性条件，对用户进行分级定位），了解用户的背景资料、喜好特征、工作和生活方式，以及消费水平等相关数据信息。下面我们以实际案例——为孕妇打造一款高端座椅为例，介绍如何甄别用户——懂用户。

2.1.3　甄别用户

LKK 洛可可为孕妇打造设计一款高端座椅。该项目需求售价：1 万～ 3 万，以提升 Bobie 在中国市场上的知名度。首先要找到用户，进行用户研究——甄别用户；制定硬性的条件——月收入两万以上，通过消费和生活品质等来对用户进行分级定位，锁定用户后，对用户进行深度访谈，制作人物原型，并对访谈进行分析，对切入点进行评估。

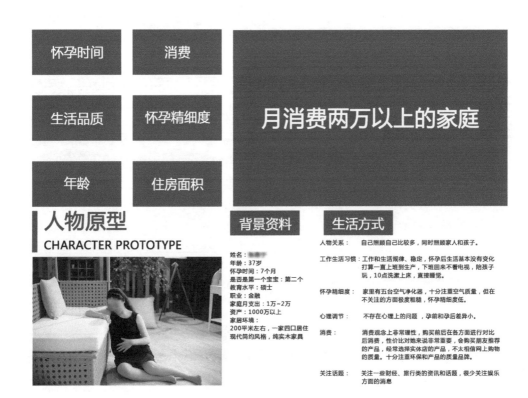

通过 500 份调查问卷，结合我们甄别的硬性条件，对用户进行了分类，最终通过 8 个用户进行了深入访谈，收集了重要的用户信息，为高端孕妇座椅的设计提供了参考。

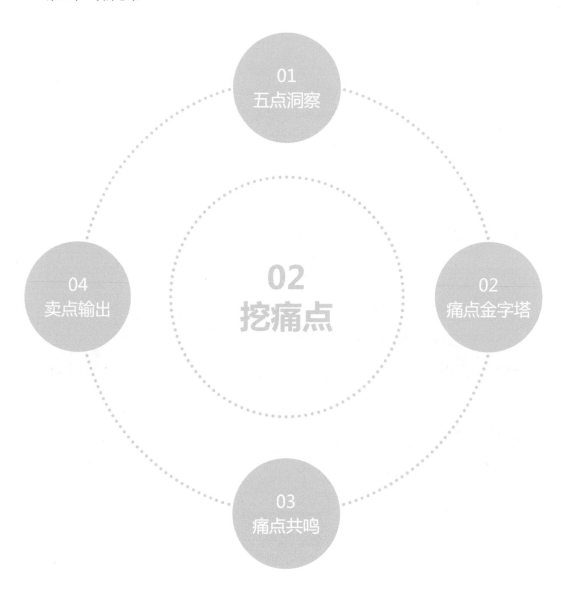

上图是以用户为中心的第二步"挖痛点"。做好一个产品，要从用户需求、痛点分析入手。一个优秀的工业设计师，除了要有好的设计思路，还要了解用户的需求和痛点，重要的是发现用户在使用产品时的体验问题，提出有效的解决办法，有针对性地对产品进行创新设计。例如色彩、材质、大小、形态这些比较浅显的需求是明确的，可以迅速被发掘的，而很多潜在的需求和痛点却往往难以被捕捉到。比如下面 C 形雨伞的案例就是在解决我们生活中下雨时打伞不能玩手机的痛点。

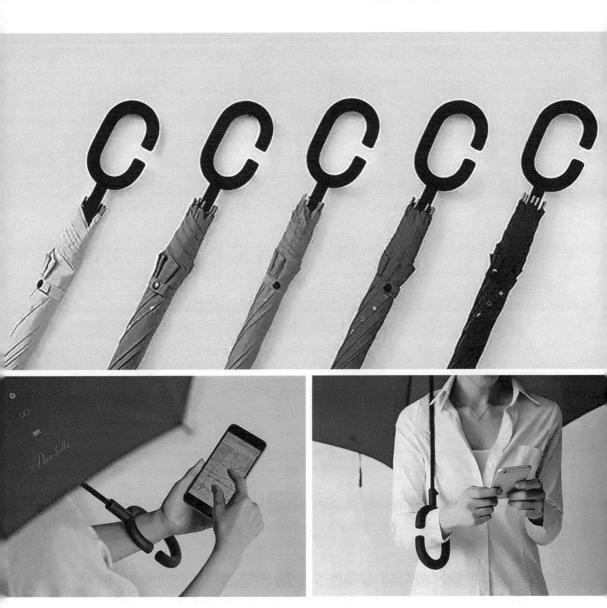

对于每天无时无刻不在看手机的人来说，每当下雨时撑伞无法使用手机都是我们的一个痛点，怎么才能解放出我们的双手，解决下雨天看手机的问题呢？设计师采用了 C 形的雨伞把手，可以套在手臂上，解决了下雨打伞玩手机的一个痛点。

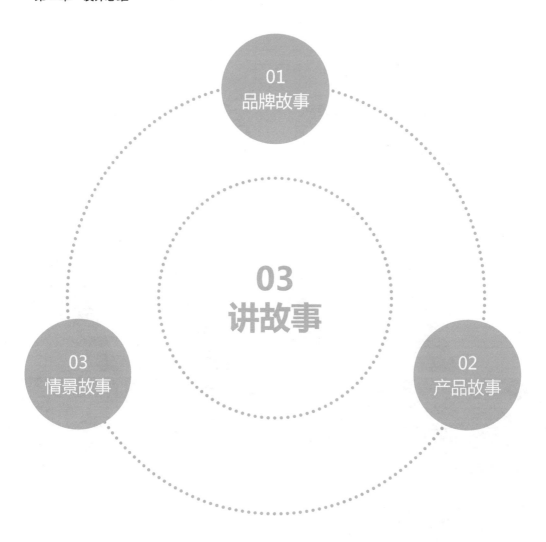

上图是以用户为中心的第三步"讲故事"。一个好的产品一定有一个好的创意故事，好产品不仅能满足消费者物质上的需求，还能满足消费者精神情感上的需求。我们既能通过产品了解产品背后的故事，又能通过故事来映射产品，往往一个故事可以使人与产品两者之间达到一种情感共鸣，从而使客户产生购买的欲望。之所以一些旅游产品、文创产品能畅销，也是因为产品背后的故事能和产品很好地融合在一起。右图是 LKK 洛可可的高山流水香台。这款产品给使用者带来的感受是不同的，烟雾不同的流淌方式，就像是每个人不一样的成长方式和人生阅历，寓意着不同的人生有着不同的人生感悟。

中国的传统美学可以理解成一种意境之美，是那种雾里看花、水中望月的意境之美，是那种新娘盖头下含蓄、内敛的意境之美。

这款高手流水的香道产品，利用负压原理，让烟如流水般向下倾泻流淌，以石代山，以烟喻水。用小景观，看大山水。

道家说："上善若水，水利万物而不争。"

佛家曰："空山无人，水流花开。"

那究竟什么才是空山的世界呢？

它不是泰山，不是黄山，更不是喜马拉雅山，它是我们心中用三块石头垒成的山。

在这座小山里，花在尽情地开，水在自在地流。我们想表达的就是空谷幽兰的自在之美。

古人玩香品茗，而都市人工作节奏快、压力大，需要这样一款产品，花一炷香的时间与心灵对话。

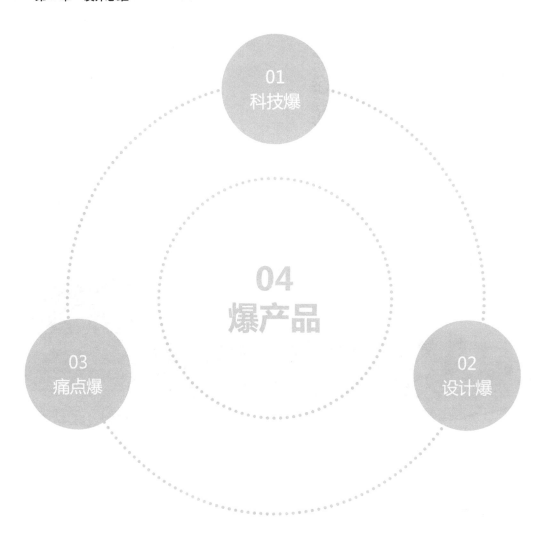

上图是以用户为中心的第四步"爆产品"。一款全新的产品很多时候是依靠科技的创新来驱动和引爆的，往往一项科技的进步能够带来巨大的产品市场。设计师应时常关注科学技术领域的资讯，借助新的科学技术研发设计一款新产品，快速占领市场，取得最大的产品价值和社会价值。右面是由洛可可和百度共同打造的一款可以解决健康饮食的方案产品——百度筷搜。

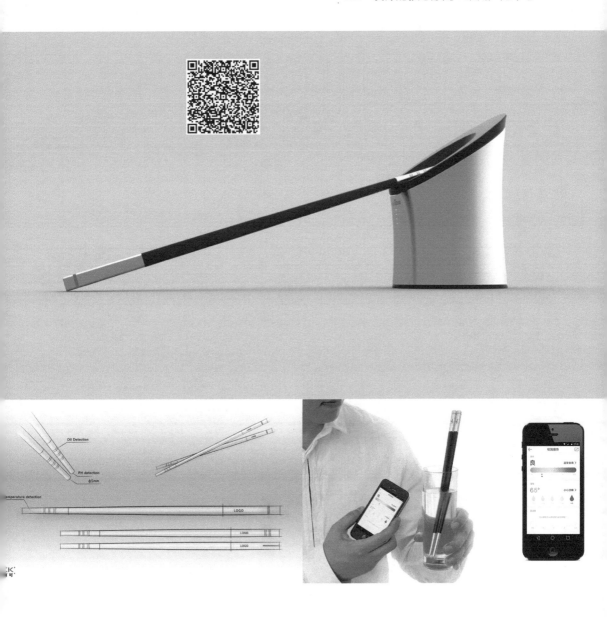

"百度筷搜不同于普通的便携式智能硬件，其价值还在于发掘出真正有价值的健康生活大数据。依托于百度搜索和大数据分析能力，百度筷搜收集的食品安全数据，将真正解决消费痛点，在日常生活中随时随地满足用户对更高质量健康生活的渴求。"过去，我们对食品安全或者健康有疑问的时候，只能通过文本的方式去搜索，现在有一个智能硬件设备可以用来直接采集信号进行搜索，每一次对食品安全和健康方面的检测都是一种新型的搜索。

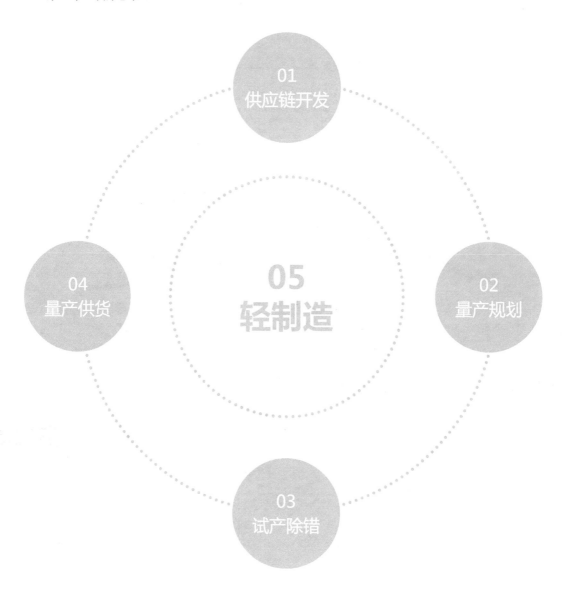

在进行了一系列的科技引爆后，就到了上图所示的以用户为中心的第五步"轻制造"。设计要考虑产品的使用材料和表面处理工艺，应首选成熟的加工制造工艺，以减少和缩短设计研发成本和设计周期，提高效率，从而实现产品快速上市的计划。右图为洛可可的 55°杯，一个杯子创造了 50 亿的产值。

55°杯在材质上采用了食品级 PP 和不锈钢材质，以及微米饭传热材料，当水温高于 55°时，能快速地把热量传导到杯壁并储存起来。选择了杯子行业中有十几年经验的生产商，进行结构设计优化、模具的开发、试模、小批量生产、表面加工工艺的处理，并保证产品品质的细腻等。

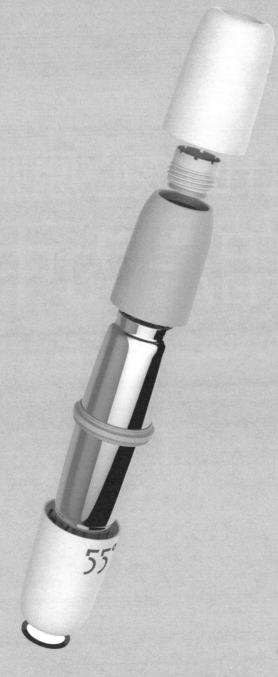

设计的核心原则：
以用户为中心

设计师需要在头脑中牢记以用户为中心这个原则，因为用户才是一切优秀设计的起点。

此页背景选用了蓝色，蓝色代表的是理性的一种思考方式，代表的是设计师需要理性客观地对待用户。

以用户为中心讨论群

扫码进群，交流成长、成长无限

设计的核心价值：
以创新为驱动

创新是设计师内在价值的源动力，设计师用创新驱动未来，带给这个世界更多
满足用户需求的产品。

此页背景色选用了橘红色，因为橘红代表着感性的一种思考方式，设计师需要
时刻保持激情对待创新。

2.2　设计的核心价值：以创新为驱动

2.2.1　创新与创新思维

什么叫创新？创新是指以现有的思维模式提出有别于常规或常人思路的见解，以此为导向，利用现有的知识和物质，在特定的环境中，本着理想化需要或为满足社会需求，而改进或创造新的事物、方法、元素、路径、环境，并能获得一定有益效果的行为。创新是当今世界，以及我们国家出现频率非常高的一个词，同时，创新又是一个非常古老的词。在英文中，创新（Innovation）这个词起源于拉丁语。它原意有 3 层含义：第一，更新；第二，创造新的东西；第三，改变。

创新思维是指以新颖、独创的方法解决问题的思维过程，通过这种思维能突破常规思维的界限，以超常规甚至反常规的方法、视角去思考问题，提出与众不同的解决方案，从而产生新颖的、独到的、有价值意义的思维成果。

右图为设计的核心思想——创新思维路径图，即在以用户为核心的原则的基础上提升创新思维，大家可以参考前面讲到的以用户为中心，在此基础上思考如何进行创新。

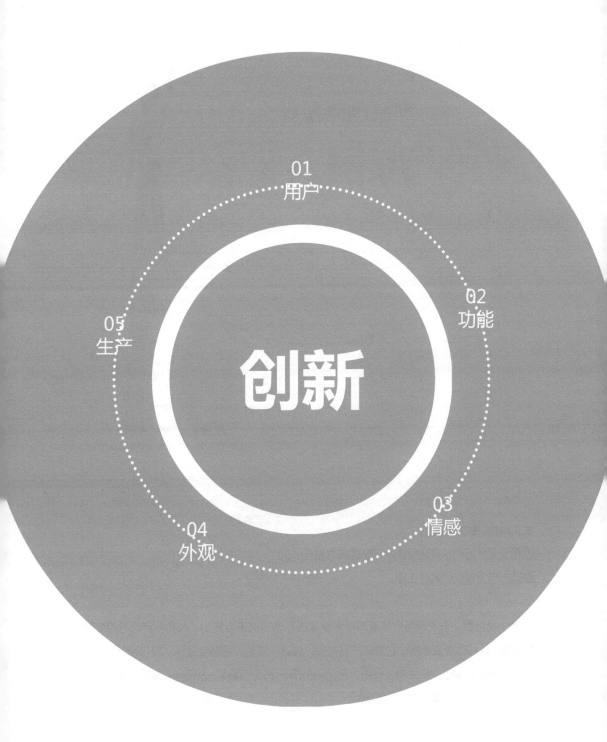

产品创新是什么？

WHAT?

2.2.2 产品创新

根据科特勒的产品定义，
现代企业产品创新是建立在产品整体概念基础上的，
是以市场为导向的系统工程。

从单个项目看，它表现为产品谋求技术参数质和量的突破与提高，包括新产品开发和老产品的改进；从整体角度考察，它贯穿产品构思、设计、试制、营销全过程，是功能创新、形式创新、服务创新多维交织的组合创新。产品创新是一个以"事件"为整体考量的系统设计过程，而不是单一物的或某一环节的创新。

2.2.3　产品创新的原理

近因：难度低、同质化

远因：难度高、回报高、差异化

上图是产品创新的金字塔，把产品创新分为 5 个层面。第一层是表层性创新，主要是在外观上进行美化再设计；第二层是沿袭性创新，即对前一代产品进行优化升级设计；第三层为渐近式创新，即对产品的功能进行完善，让产品更易用、有价值；第四层为机会性创新，对已有的产品（成功或失败）在原有设计的基础上进行重新定位，寻找新的功能价值；第五层为根本性创新（颠覆式创新），即市场上完全没有，是从无到有的创新方式，这个要依靠科技创新。创新金字塔从下往上难度逐渐增加，同样，创造的价值也逐渐提高，创新程度和价值含量必然导致产品之间的差异化。

产品创新的目的之一就是要通过不间断的创新行为，让企业在消费者心目中建立独特的价值感，从而满足不同层次消费者在内心需求层面上的成长需求，建立品牌忠诚度。

而这一目的的达成，就取决于我们对顾客让渡成本中（顾客所得价值）所涉及的各因素的有效调节，并通过产品创新，进行有效的总体优化，使消费者不断达成价值预期，并不断超越价值预期。

产品创新层次分解

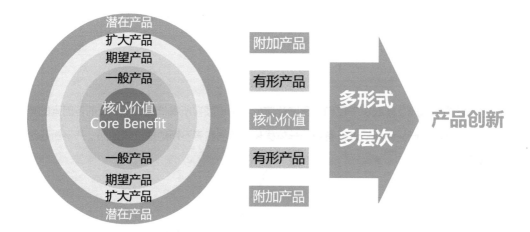

核心价值创新

很多产品设计服务机构，有相当一部分企业和设计师还在"自我世界"里陶醉，以自我的常识和经验对某一产品的理解去预估一个群体用户的期望价值，且缺乏足够的信息收集和分析，导致很多产品在形式上时尚华丽，但最终却缺乏市场认同度。这一结果除了销售的原因，更多的还是对消费者期望价值的深度剖析不够造成的。

核心价值再创新

真正地从用户的角度出发，从消费者对产品的核心期望层面对产品进行创新，进而全面提升产品的应用体验。

产品创新的优化流程

创新通常不会是一蹴而就的，互联网时代的到来让产品变化更快，创新也就越来越快。

产品创新的流程：首先要知道产品的主要功能，即为用户解决什么问题；其次要了解用户在使用产品时的体验，核心问题是找出用户在使用产品时的痛点、产品的不足，通过创新设计来解决产品的核心问题，最终对产品创新进行优化完善。

创新能力的构成

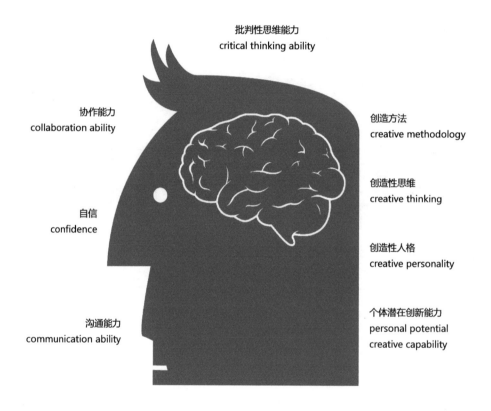

我们应如何培养创新能力呢？个人潜在的创新能力表现在创造性人格、创造性思维和创造方法上。其中，创造性人格是指后天培养出来的优良的信念、意志、情感、情绪、道德等非智力因素的总和。创造性思维是指养成打破传统的习惯性思维方式和记忆迁移，寻找另外的途径，从某些事实中探求新思路、发现新关系、创造新方法，以解决问题。

创新设计要注意的几个方面

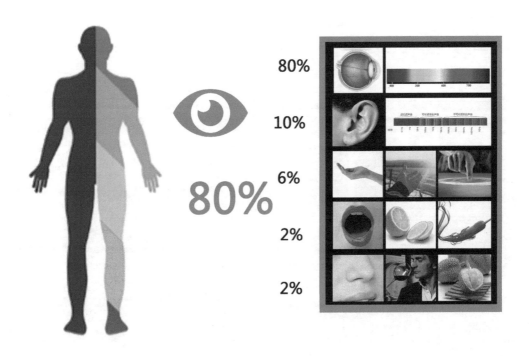

直接体现于产品的外观设计

美的设计可以激发原始的、快速的本能反应，直观评价产品的好与坏、安全还是危险，情绪是紧张还是舒缓的，甚至有瞳孔变化、尖叫等生理直观反应，从而直接捕获用户的潜在需求欲望。

设计的核心原则：
以用户为中心

用户不是上帝而是情人，需要每个设计师用心对待。如何真正地理解并做到以用户为中心，需要设计师转化对用户的"态度"，用户不是离我们很远的"上帝"，用户应当被视为我们的"情人"，需要每个设计师真正地用心对待。

设计的核心价值：
以创新为驱动

创新设计不是做表面文章，一个优秀的产品不会只拥有漂亮的外观，产品需要
在更多维度上进行创新，如技术创新、体验创新、材料创新等。

　　　　设计出好的产品需要的是掌握优秀的设计思维，学会发现问题、解决问题的能力，以创新驱动未来

第 3 章

现在带你重新认识
产品设计

3.1　工业设计的定义

Industrial Design

工业设计简称 ID 设计，

是指以工学、美学、经济学为基础对工业产品进行设计。

1. 广义概念

广义工业设计 (Generalized Industrial Design)：是指为了达到某一特定目的，从构思到建立一个切实可行的实施方案，并且用明确的手段表示出来的系列行为。它包含一切使用现代化手段进行生产和服务的设计过程。

2. 狭义概念

狭义工业设计 (Narrow Industrial Design)：单指产品设计，即针对人与自然的关系产生的对工具装备的需求所做的响应。包括为了使生存与生活得以维持与发展所需的诸如工具、器械与产品等物质性装备所进行的设计。产品设计的核心是要使产品对使用者的身、心具有良好的亲和性与匹配性。

狭义工业设计的定义与传统工业设计的定义是一致的。由于工业设计自产生以来始终是以产品设计为主的，因此产品设计常常被称为工业设计。

工业设计的定义林林总总，本书仅对狭义的工业设计，即产品设计进行深层次解读。

ID

这些年的设计生涯让我学会了分析、解读，更学会了咬文嚼字，
那就来重新认识一下"产品设计"。

"产品"是现实的存在，我们视其为当下的事物，能实实在在地带给用户不同的体验。我们
要去研究现有产品本体和产品带给用户的体验感受，研究该产品的现有用户和挖掘该产品的
潜在用户，研究产品的市场行情和产品的生命周期。对于研究，我们应理性地去分析，学会
利用大数据来收集和整理产品的销售情况，以及用户的购买和用户在使用后对产品的评价反
馈等信息。在研究过程中，我们要发现问题和收集问题，通过设计创意来解决问题，最终让
用户使用设计后的产品获得更好的体验。

设 计

"设计"是未来的创意，是设计师头脑中概念的塑造，创造的是引领未来潮流的产品，设计师要尽情发挥自己的创意。对于创意，设计师应感性地思考，应对未来的世界有天马行空无所不能的想象，学会使用头脑风暴和思维导图对创意点进行发散。从字面上理解创意二字，创：即创新、创作、创造等——将促进社会经济的发展；意：即意识、观念、智慧、思维等——人类最大的财富。

研究

发现问题

研究是主动寻求根本性原因与更高可靠性依据，从而为提高功利的可靠性和稳健性而做的工作。"研究"一词常被用来描述关于一个特殊主题的资讯收集。利用有计划与有系统的资料收集、分析和解释的方法，获得解决问题的过程。研究是主动地以系统方式进行的过程，是为了发现、解释或校正事实、事件、行为、理论，或把这样的事实、法则或理论进行实际应用。研究是应用科学的方法探求问题答案的一种过程，因为有计划和有系统地收集、分析与解释资料的方法，正是科学所强调的方法。

创　意

解决问题

创意（create new meanings）是创造意识或创新意识的简称。它是基于对现实存在的事物的理解及认知，所衍生出的一种新的抽象思维和行为潜能。创意是一种通过创新思维意识，进一步挖掘和激活资源组合方式，进而提升资源价值的方法。创意是传统的叛逆，是打破常规的哲学，是破旧立新的创造与毁灭的循环，是思维碰撞、智慧对接，是具有新颖性和创造性的想法，是不同于寻常的解决方法。

3.2　设计研究

Design Research

设计研究简称 DR，

是指一系列行动、思考、选择。

一系列行动、思考、选择——得到具有创意性的设计思路

"设计研究"是在一个大的"过程"中进行的一系列行动、思考、选择，为了实现某一个目标，预先根据可能出现的设计问题制订若干对应的方案，并且在实现设计最终方案的过程中，根据形势的发展和变化来制订出新的方案，或者根据形势的发展和变化来选择相应的方案，最终实现目标。

设计研究可以对设计的前期策略进行缜密的判断，并提出可实行性报告；可根据形势发展制定行动方针；可以提出具有创意性的设计思路。

设计研究应倡导并实践"求实、严谨、活跃、进取"的作风。在为国家政策和产品服务方面，以及在业务拓展、技术进步、经济收益、深化改革和党建与精神文明建设等方面应取得过可喜的成绩。设计研究要做到工作认真、成果及时、观点鲜明、资料翔实，出色地完成各项任务。在我国，特别是近几年，设计研究在科技进步、学科专业门类开拓、人才素质培养和技术手段、技术装备等方面得到持续发展，在观念、技术、方法等方面不断创新，不断取得新的突破。

重新来理解一下

———————————

设计研究

DR

严谨的研究

3.3　设计创意

创意起源于人类的创造力、技能和才华，创意来源于社会，又指导着社会的发展。类人猿首先想到要使用石器，然后才动手把石器制造出来，而从石器诞生起类人猿就演变成了人。人类是在创意、创新中诞生的，也要在创意、创新中发展，人类要想发展就离不开创意。

创意是一种突破，包括产品、营销、管理、体制、机制等方面的突破。

创意是逻辑思维、形象思维、逆向思维、发散思维、系统思维、模糊思维和直觉、灵感等多种认知方式综合运用的结果。要重视直觉和灵感，因为许多创意都来源于直觉和灵感。

人类自诞生开始，"创意"就开始左右着人类的发展，那个时候没有"创意"二字，人类每一次的发明、创造都是在一定的环境、压力、生存下产生的，否则面对自然界，人类应付突发灾害最原始也是唯一的办法，只有像其他动物一样，疯狂奔逃。

创造语言的创意让人类变成了高级动物——人类发明、制造、运用了工具，并在这个开拓性技术过程中深化了思考，驾驭了语言，才与动物们有了质的区别。

重新来理解一下

设计创意

ID

瞬间的灵感

理　　性

研究

理性思维是一种有明确的思维方向，有充分的思维依据，能对事物或问题进行观察、比较、分析、综合、抽象与概括的一种思维。说得简单一些，理性思维就是一种建立在证据和逻辑推理基础上的思维方式。

理性思维是人类思维的高级形式，是人们把握客观事物本质和规律的能力。理性思维能力是人区别于动物的各种能力之母。

理性思维属于代理思维。它是以微观物质思维代理宏观物质思维的。理性思维的产生，为物质主体时代的到来，使主体能够快速适应环境，以及物质世界的快速发展找到了一条出路。

理性思维是利用微观物质与宏观物质对立性的同一来实现对宏观的控制的。同一是目的性的，先是微观物质主动与宏观物质加强同一，而后是宏观物质"主动"与微观物质加强同一。前者是微观对宏观的认识，后者是微观目的性的实现。只有微观物质对宏观物质有了正确的认识，才有微观物质利用宏观物质发展的必然来实现对宏观的控制。

感　性

创意

感性认识（认知心理学）：通过感觉器官对客观事物的片面的、现象的和外部联系的认识。感觉、知觉、表象等是感性认识的形式。感性认识是认识过程中的低级阶段。要认识事物的全体、本质和内部联系，必须把感性认识上升为理性认识。

感性认识是直观的形象的认识，感觉器官的"感性"可以大致归结为通过感官经验完成直观活动，没有明显的理性思维的过程，不是深思熟虑的过程，即给出直观经验经历做出的主观（融入个人感情）的判断。不可否认，感性具有盲目性，且感性之中也有直觉的成分。直觉不完全是冲动，是下意识的推理，习惯和经验把推理过程压缩到意识可以觉察的阈值以下。艺术的灵感，就是这种感性的直觉，没有固定的逻辑规范，就是一种只可意会不可言传的感觉。

LKK
创意是水

严谨的研究

理性的凉水

瞬间的灵感

感性的热水

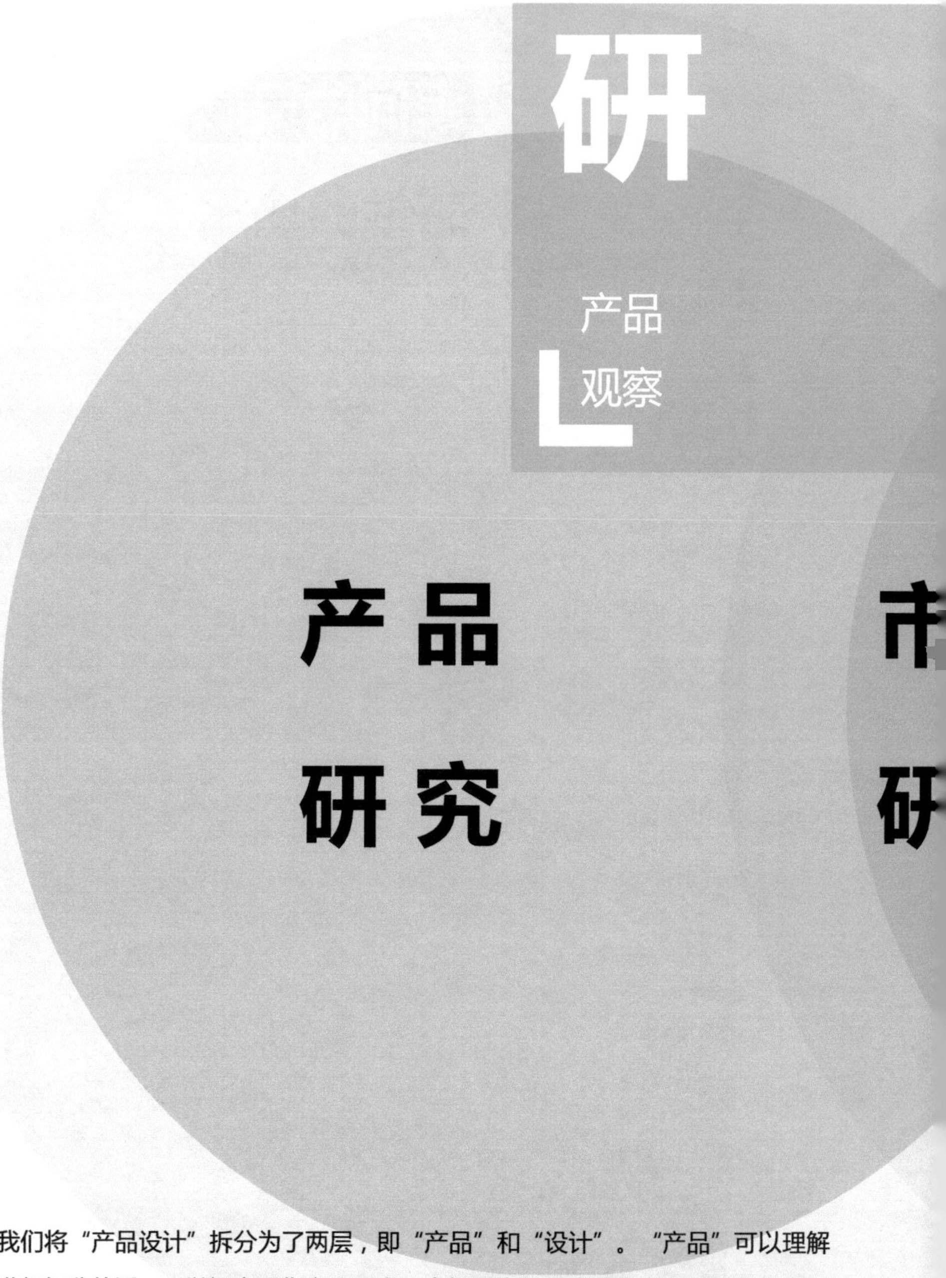

研

产品
观察

产 品

研 究

市

研

回顾一下，我们将"产品设计"拆分为了两层，即"产品"和"设计"。"产品"可以理解为研究。再进行细分的话，可以把它看作产品研究、市场研究和用户研究。通过这张关系图大家也可以清晰地理解研究的范围与方向。研究的重点分为两个方向：产品研究与用户研究，两者交界的范围便是"市场研究"，这才符合现在的产品开发逻辑，只有符合消费者需求的

用户
研究

产品才会真正赢得市场，现在的市场不再是早些年只要企业主生产出来差不多的产品，便能赢得市场的时代了。以前产品"供应"应小于"需求"，现在供需关系已发生变化，现在"供应"大于"需求"，消费者有了更多的选择，市场竞争更加激烈，只有真正符合消费者需求的优秀产品才能赢得市场。

3.4　产品研究

一是研究产品延伸产业的发展、品牌、科技、生产等，

了解产品背后的价值支撑。

二是研究产品本体造型特征、功能、色彩、CMF 等，

了解产品适应市场的能力。

三是研究产品的生命周期、产品市场创新度与匹配度等，

了解产品适应市场的时限。

品牌

广义的"品牌"是指具有经济价值的无形资产，用抽象化的、特有的、能识别的心智概念来表现其差异性，从而在人们的意识当中占据一定位置的综合反映。

狭义的"品牌"是指一种拥有对内、对外两面性的"标准"或"规则"，是通过对理念、行为、视觉、听觉 4 个方面进行标准化、规则化，使之具备特有性、价值性、长期性、认知性的一种识别系统的总称。我们也称这套系统 CIS（corporate identity system）体系。

产品生命周期的定义

产品生命周期是指生物从出生之日到死亡之日所经过的自然发展过程。产品生命周期是一个很重要的概念，它和企业制定产品策略及营销策略有着直接的联系。管理者要想使其产品有一个较长的销售周期，以便赚到足够的利润来补偿在推出该产品时所做出的一切努力和经受的一切风险，就必须认真研究和运用产品的生命周期理论。此外，产品生命周期也是营销人员用来描述产品和市场运作方法的有力工具。但是，在开发市场营销战略的过程中，产品生命周期却显得有点力不从心，因为战略既是产品生命周期的原因，又是其结果，产品现状可以使人想到最好的营销战略。此外，在预测产品性能时产品生命周期的运用也受到限制。

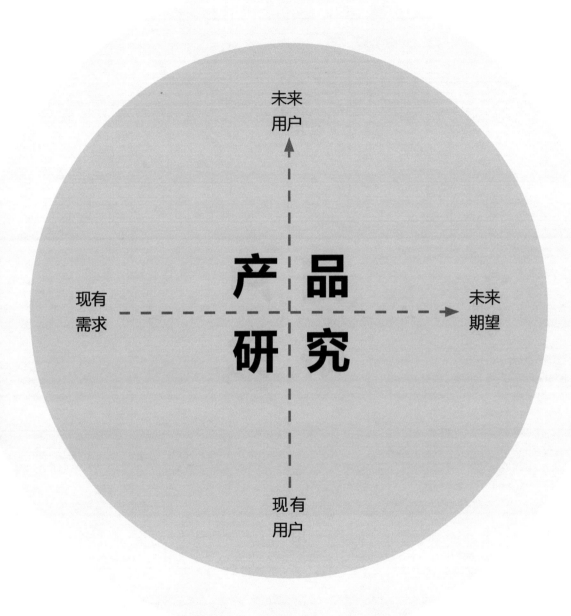

上图表达的是产品研究需要设计师从"现有"和"未来"多维度去了解产品，得到对产品正确的判断，了解产品真正的发展趋势与产品需求定义。

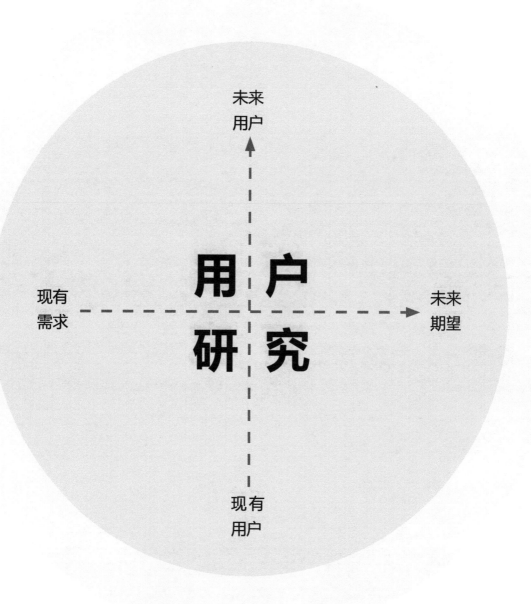

上图表达的是用户研究需要设计师从"现有"和"未来"多维度去分析用户数据，得到真正符合用户预期的需求。

3.5　用户研究

用户研究是以用户为中心的设计流程中的第一步。它是一种理解
用户，将他们的目标、需求与你的商业宗旨相匹配的方法。

　　用户研究的首要目的是帮助企业定义产品的目标用户群，明确、细化产品概念，并通过对用
户的任务操作特性、知觉特征、认知心理特征的研究，使用户的实际需求成为产品设计的导向，
使自己的产品更符合用户的习惯、经验和期待。

　　在互联网领域内，用户研究主要应用于两个方面：

第一，对于新产品来说，用户研究一般用来明确用户需求点，帮助设计师选定产品的设计方向。

第二，对于已经发布的产品来说，用户研究一般用于发现产品问题，帮助设计师优化产品体验。

　　在这个方面，用户研究和交互设计紧密相连，所以还需要了解一下交互设计的基本知识。

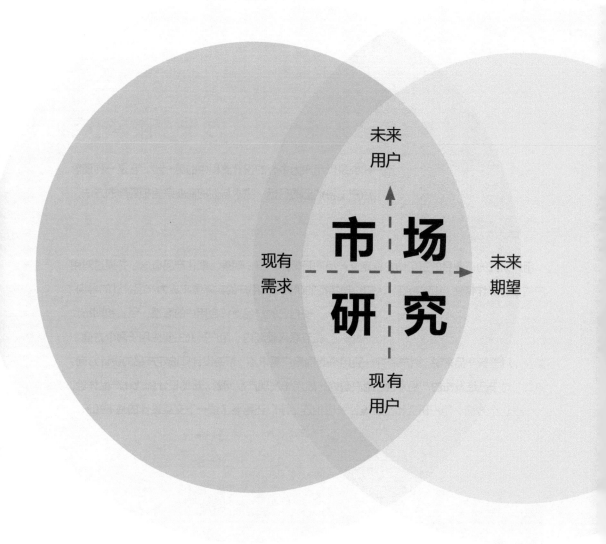

上图表达的是市场研究需要设计师从"现有"和"未来"多维度去分析市场变化，找到趋势，找到市场突破口。

3.6　市场研究

市场研究，国内还称为"市场调查""营销研究""市场调研"，全球市场研究者协会给出的定义："为实现信息目的而进行研究的过程，包括将相应问题所需的信息具体化、设计信息收集的方法、管理并实施数据收集过程、分析研究结果、得出结论并确定其含义等。在分类中，包括定量研究、定性研究、零售研究、媒介和广告研究、商业和工业研究、对少数民族和特殊群体的研究、民意调查及桌面研究等。"近年来，伴随着互联网的发展和新技术的应用，市场研究往往借助专业在线调查工具收集信息、处理数据。

第4章

怎样成为一名优秀的产品设计师——
看、思、学、做

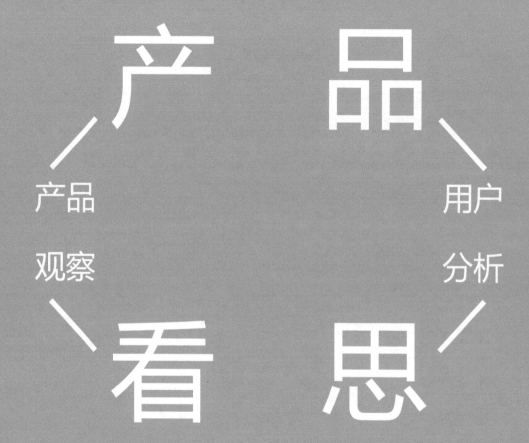

产品

品

用户
分析

产品
观察

看

思

如果把"产品设计"拆分为4层 我们可以把它视为"产""品""设""计",即"看""思""学""做"。"看"什么？看产品的广度（策略、科技、产业）和深度（产品本体、品牌效益）。"思"什么？思用户，思考用户痛点（功能），思考用户体验（产品的造型、品质、CMF、情感）。通过对"看"和"思"的分析，找出问题，提出概念。那我们应该"学"什么呢？学技能，用技能将概念视觉化。最后我们要去"做"，怎么"做"？做计划，那便回到了最初的"看、思、学"。

设计 计

创想 执行

技能 计划

学 做

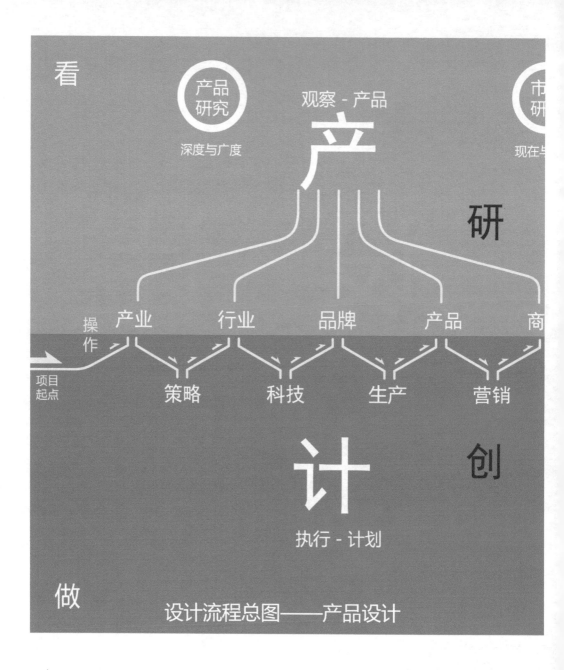

设计流程总图——产品设计

"产""品""设""计"即"看——观察产品""思——分析用户""学——创新技能""做——执行计划"。

"看"什么?看产品的广度(产业、行业、品牌、产品、商品)和深度(策略、科技、生产、营销几个层面的品牌价值深度、时间深度)。

"思"什么?思用户,思考用户痛点(功能),思考用户体验(造型、品质、CMF、情感、品味)。

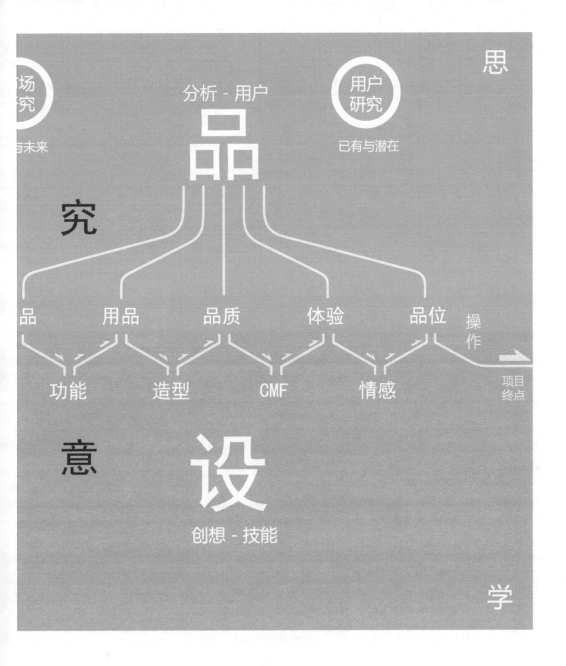

通过对"看"和"思"的分析，找出问题，提出概念。

那我们应该"学"什么呢？学创意表达的技能，用技能将概念视觉化。最后要去"做"，怎么"做"？做计划，那便回到了最初的"看、思、学"。

每个设计师的经历与经验不一样，看到这张图的感受也会不一样，这里面有着非常丰富的"关系"。图中每个关键的节点都可能成为创新的突破口，节点间表面的关系及内在逻辑值得设计师思考分析。

成为一名优秀的产品设
计师从这些训练开始。

看

观察了解产品的广度与深度

设计师要关注大众的审美需要、审美
转换和审美观念等。学会观察产品的
外在与内在、产品生命价值等，用更
专业的视角看待我们生活中的每个产
品。设计师训练的是那双"火眼金
睛"，思考得越多，看得越多；看得
越多，思考得越多。例如，观察产品
的CMF、分模线，以及思考产品的生
命周期等。

思

思考用户需要的现在与未来

每个人都是用户，用户就是我们身边
的那个他或她，设计师首先必须善于
发现问题，思考产品带给用户的使用
体验如何，挖掘用户使用产品时的痛
点与用户的未来需求，并寻找解决问
题的创意路径。对产品与用户之间的
关系进行深入的分析与思考，洞察用
户使用产品的场景与情景。

学

掌握设计技能与设计思维

熟练掌握与设计相关的软件的运用，
在临摹优秀的商业作品的过程中，既
能熟练操作软件，掌握相关技能，又
能学习到优秀的产品设计思路。有广
度、有深度和有数量的临摹学习能让
自己的想法与设计从量变到质变，掌
握设计师所应具备的能力与思维。这
种学习方法与小时候学习书法的过程
相似。

做

实战练习，积累经验

设计不是一朝一夕就能成功的，产品
设计是一门综合类学科，包含美学、
材料、结构、营销学、心理学、人机
工程学等领域。只有做久了才能拥有
出色的设计能力和宝贵的设计经验。
这个是没有什么捷径可走的，必须一
步一步踏踏实实地来。

（本书后面给大家制订了一个学习计划，希望大家能参与）

表层

4.1 看

内涵

观察产品

4.1.1　观察产品

提高审美的必要途径——

看资讯、看生活

看资讯

感谢互联网资源的共享给我们提供了很多国际上优秀的设计资讯、设计作品和相关的专业理论知识，我们应该从多个角度、多个领域去看一些优秀的作品，一是开阔我们的眼界，提高我们的审美能力，二是可以拥有丰富的知识，填充大脑里的"素材库"，这些素材都可能出现在未来的设计中，这样设计作品才会生动饱满、富有思想内涵。

看生活

观察生活中接触到的每个产品，正因为设计源于生活并服务于生活，所以需要分析和思考每个产品源于生活和服务生活的过程。同时看看外面的世界，扩展自己的眼界，体验不同的文化和风俗习惯、风土人情。热爱生活，提高审美水平，得靠日积月累的积淀。

CMF 的应用

颜色是产品的精神

CMF 即色彩、材料、表面处理的缩写。其中色彩的捕捉与情感传达、材质与表面处理是产品品质与体验的重要部分。色彩存在于我们每个人的生活中，并赋予我们很多的情感。对于设计来说，它更有非凡的表现力，它不仅能强化视觉表现力和造型，而且能表达情感。

材料的色彩、质感光泽、纹理触感、舒适感、亲切感、冷暖度、质量感。柔软感等表面特征对产品的外观造型有着特殊的表现力，在造型设计中应充分考虑不同的材质都有其自身的外观特征和质感，给人以不同的感觉。

表面处理是在基体材料表现上人工形成一层与基体的机械、物理和化学性能不同的表层的工艺方法。表面处理的目的是满足产品的耐蚀性、耐磨性、装饰或其他特种功能要求。

4.1.2　产品结构

关注产品的分模线

分模线

又称为分型线，主要是看产品的设计要求及外观要求，考虑加工是否可行及排模跟进胶的位置。再通俗点讲就是，进行灌注时使用的模具大多由几部分拼接而成，而接缝处的位置不可能做到绝对平滑，会有细小的缝隙，在产出灌注的配件时，该位置会有细小的边缘突起，即分模线。产品分模线有两种情况，一是构建分模线，也就是说开模的时候给分开了，二是构建装饰条，这里不能说是分模线，主要作用是防水或装饰。

分模线做好了，产品会更加精致，也可能会因为分模线的优化而得到一个漂亮的造型。那么设计师如何把这个线很好地运用在产品设计之中呢？接下来让我们通过一些优秀的案例，来看看优秀的产品设计是如何处理分模线的。

表层

4.2 思

内涵

分析
用户

4.2.1　分析用户

发现问题，探索解决问题的路径

思用户

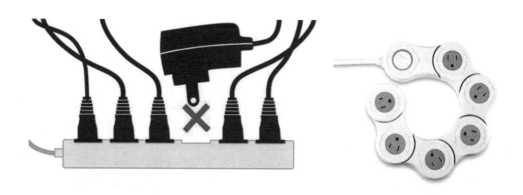

思用户

思考用户在使用产品时的感受，体验产品的使用流程，发现产品在使用状态中出现的问题，例如哪些问题给用户带来了不爽的体验。我们通过用户体验找到容易解决这些问题的方法，给用户留下深刻的印象，让用户再次使用产品时产生完美的体验，所以在思用户这个环节我们应理性分析，再进行感性分析。

用户为什么会为一款产品买单？

产品的核心是以人为中心，用户体验就是这个产品存在的原因。产品应满足用户需求，解决用户遇到的问题。给用户一定的特定价值，这个产品才会变得有意义。与之相反，如果问题本身并不存在，或者说解决方案没有对这个问题对症下药，那么这个产品将变得毫无意义，甚至没有用户使用。同样这也会导致产品的失败。对于产品，我们应该思考它的出现解决了什么问题，找到这个问题对应的场景和角色。

4.2.2　思用户体验

发现问题 = 设计需要解决的问题

思产品

思产品

观察生活中接触到的每个产品，人们使用每一个产品的时候都具有用户体验，比如铅笔、手表、衣服、网站、软件等。不管是什么产品，用户体验都显得非常细微，但它又非常重要。分析和思考每个产品源于生活和服务生活的过程。

思考用户在使用产品时出现的问题，挖掘用户的痛点。那么痛点从何而来？答案是从对人性的挖掘而来，思考用户在使用产品过程中的难点和不适，从而找到产品改进的方向。首先定义目标人群，思考"谁面临这些问题"，然后寻找解决方案，思考"我们要如何解决相应的问题"，这样的思路将会指引我们找到全新的产品功能。设立目标，将有助于衡量这个功能是否会成功。

思考完用户需求要给产品下定义

产品定义

当带着产品时，用户体验设计师首先应该能够回答以下问题：

我们在解决什么样的问题？（用户问题）

我们为谁而做？（目标用户）

我们为什么要这样做？（视角）

我们如何做？（战略）

我们要实现什么？（目标）

产品在什么场景中用？（地点）

………

只有这样，思考我们究竟在做什么才是有意义的（产品功能点）。

表层

4.3　学

内涵

创新技能

4.3.1　创新技能

学习和熟练掌握技能和思维

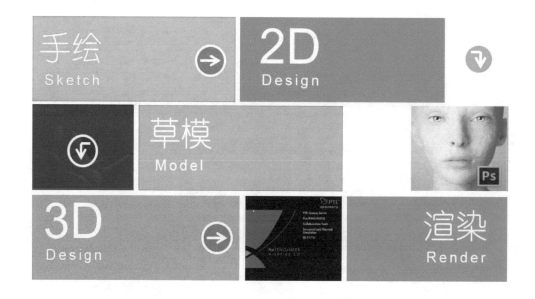

"学"

设计概念视觉化要求设计师必须熟练掌握模型制作的技能和软件辅助表现的技法，如何才能熟练地掌握设计技能？只有不断地练习，反复地练习，才能迅速提高设计能力，做得越多，提高得越快，这是没有什么捷径可走的，必须踏踏实实地做。

我们要明白，软件作为工具永远是服务于设计的，光靠这些工具是难以在设计之路上发展的。在整个软件辅助表现设计的过程中，需要时刻去感知要表现的产品的形态、比例、线性关系，以及每条线、每个曲面的神韵，同时暂时忽略细节，这样才能抓住形体的结构。在使用工具表现设计的过程中，将形态设计、形态推敲融入其中，这样才能抓住设计概念视觉化的本质。只有这样，塑造出的技能才能对形态有快速感知能力。在产品设计过程中，概念视觉化的流程为：由手绘图转换为 2D 图，再转换成 3D 图，最后渲染出效果图，在执行这个流程的过程中需要借助几款设计软件。

4.3.2　Sketch

概念视觉化

将线稿草图转化成 2D 效果图

手绘图就是在方案设计中我们常说的草图，可以分为"草"和"图"来理解。手绘图是设计师艺术素养和表现技巧的综合体现，它以自身的魅力、强烈的感染力向人们传达设计的思想、理念及情感，手绘的最终目的是通过熟练的表现技巧，来表达设计者的创作思想或设计概念。

4.3.3　软件应用

2D

草图看起来很美，但形态并不确定。2D 图形比草图更进一步，效果也更接近真实效果，有利于将方案进一步深入。通过绘制草图确定设计方案，再借助 AI 或者 CorelDRAW 等软件来绘制出精致的视觉效果方案。

2D 图形包括的内容：线框、尺寸、色块、材质效果等。

2D 图形在设计过程中是不可缺少的转化环节。

草图转化：用线框形式对产品形态进行表达。

草模制作：对线框图进行填色推敲。

形态推敲：对填充色块后的线框图进行推敲，完善造型与尺寸比例。

材质解析：用二维软件实现材质表达。

3D

要时刻关注产品的形态、比例、线性关系，以及每条线、每个曲面的神韵，同时暂时忽略掉细节，这样才能抓住形体的结构。

3D 效果图包括的内容：形态、比例、曲率、倒角、壳体等。

3D 效果图在设计过程中是不可缺少的转化环节。

三维立体：将形态转换成 360°的空间展示。

形态推敲：造型和尺寸的推敲过程。

细节体现：倒角、分型线、曲率和渐削面的处理。

结构关系：壳体与硬件之间的关系。

材质解析：材质在计算机模型上的模拟应用。

2D 向 3D 转变

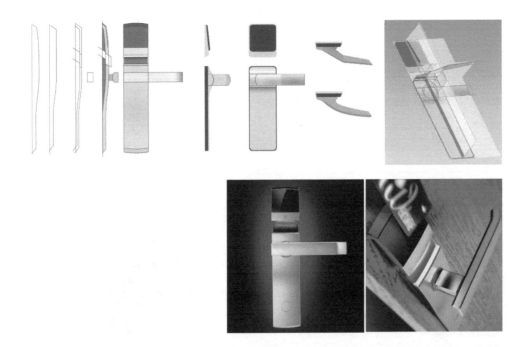

Rhino 因其三维建模功能强大、界面简洁、操作简便、上手容易、能够自由地表现设计概念等特点，被广大工业产品设计人员所推崇，对于快速、准确地表现设计创意有着无可比拟的优势。现在我国大部分高等院校的工业设计专业均开设基于 Rhino 的计算机辅助工业设计课程。除此之外，Pro/E、Solid Works 等工程软件也比较实用。因其与后期的工厂对接方便，同时便于模型数据化的调整，也备受设计师推崇。

不同行业会有一些特殊软件，

例如，Catia、Alias 等是汽车设计行业软件。

表层

4.4 做

内涵

实战
计划

4.4.1　IDmind 创新头脑法则

Industrial Design 头脑路径，智慧路径

重新定义"产""品""设""计"

IDmind 创新头脑法则

设计的核心原则：以用户为中心；设计的核心价值：以创新为驱动。我们如何理解这一相对抽象的概念呢？。可参考下页图所示。

产品设计本身要以用户为中心，如何做到以用户为中心呢？首先要确定目标用户，如下页图所示，围绕用户产生了一个由懂用户、挖痛点、讲故事、爆产品、轻制造组成的圆形链条。要让这样的链条转动起来？需要以创新作为驱动力。

"以用户为中心，以创新为驱动"，以此来创新理解"产品设计"。

首先，我们将"产品设计"拆分为两层，即"产品"和"设计"。"产品"是什么？挖掘它的深层含义，"产品"是指当下现有的产品，即要对现有的产品要进行研究。对于研究，我们应当从产品研究、市场研究、用户研究三个大的方向着手。又该怎么理解"设计"呢？"设计"是指未来创新的产品，对于未来创新的产品要进行创意。对于创意，我们应当从产品的功能、体验和情感等方向着手。

其次，把"产品设计"拆分为 4 层，把它视为"产""品""设""计"，具体含义参见第 98 页内容。有了研究和创意，分析了"看""思""学""做"，最后产品设计便落地于实际的项目操作流程之中，从产业大趋势入手，制定企业自主策略，分析同行业市场，找出科技突破点，建立自己独有的品牌，了解生产资源和方式，确定产品开发方向，思考营销和推广方式，最终确定产品上市概念，清晰定义符合消费者的功能需求，研究市场中的同类竞品，确定产品造型趋势，根据产品品质要求定义 CMF，实现优良的用户体验，满足用户的情感需要，最终体现产品的价值。

通过分析和研究我们得出，成功的产品设计是理性思维和感性思维的结合，因此要做到以用户为中心、以创新为驱动。

理性思维 / 设计的核心原则 - 用户为中心 | 1

2 | 创新为驱动 - 设计的核心价值 / 感性思维

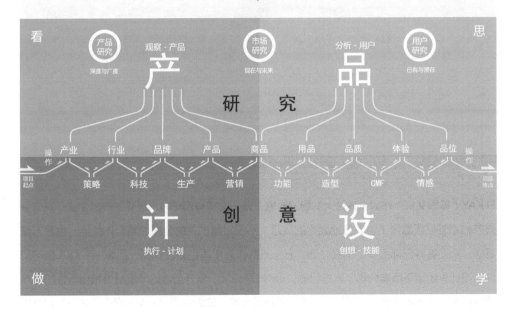

4.4.2　ELKAY 净水机

Industrial Design 高端形象塑造唯一特征

健康饮食净水器

ELKAY（美国艾肯）作为全球最大的厨卫专家，是一家拥有百年净水经验的美国企业，其专业服务和卓越品质赢得了世界各地顾客的认可，不仅是星巴克的全球战略合作伙伴，也是万豪酒店、必胜客等国际品牌的信赖之选。五十五度作为中国创新设计第一品牌——LKK 洛可可创新设计集团旗下所属公司，其推出的"55°降温杯"，以开创性的降温品类和创新性的痛点思维创造了水杯新品类，一举斩获德国红点设计大奖，成为中国 2014 年度最受关注的智慧生活产品。

右图是"55°+ELKAY"净水智饮机，是强强联手后的"重混"。产品将净水功能与降温功能完美结合于一身，想要几度就几度！

01：需求解读

不知道从什么时候开始，一杯干净的水，离我们越来越遥远。家庭健康安全饮水困扰着我们每个人的生活，老人、孩子等家人的安全饮水是我们一直关心的问题。其实，我们的要求很简单，就是还原水原来的样子。"55°+ ELKAY"净水智饮机致力于为大家还原水原来的样子，重新定义厨房净水生活。

02：设计意向图——关键词：净（如此简单）

 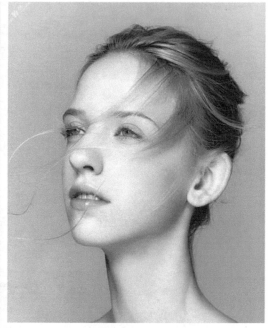

03：创意草图

根据需求解读，明确了本次设计的目标，通过对市场、用户和竞品做设计研究，明确我们此次产品的设计方向，结合研究报告和意向图，洛可可 ID 设计团队进行了草图头脑风暴，绘制出 ELKAY 净水机的设计概念图，锁定产品设计风格。

04：深入草图刻画

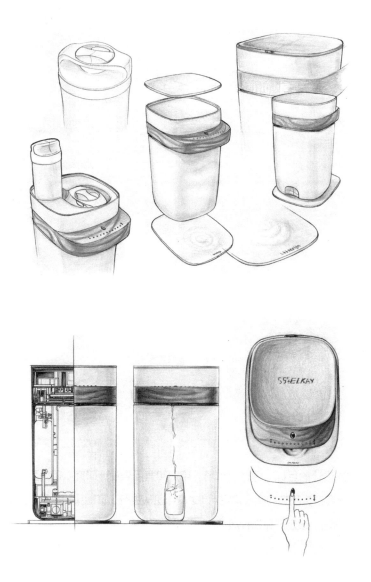

最终我们在多款草图方案中选出了此款方案进行深入表达，

造型上采用简洁直白的几何形体配以圆角，以圆润和亲和的产品形象突出"净，如此简单"。

05：2D 效果图

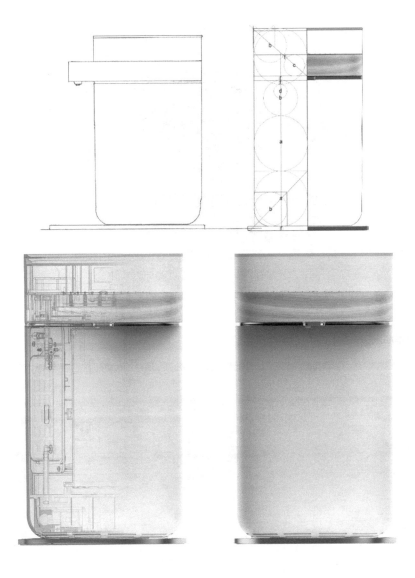

在草图深入刻画阶段后，我们对形体、比例、细节都有了比较清晰的概念，草图看起来很美，但形态并不精准。需要通过 ID 效果图环节将草图方案进一步深化。设计团队借助 AI/CorelDRAW 矢量软件绘制出等比例多视图，推敲产品 ID 的视觉效果。

06：3D 内部结构模型图

内部结构示意图

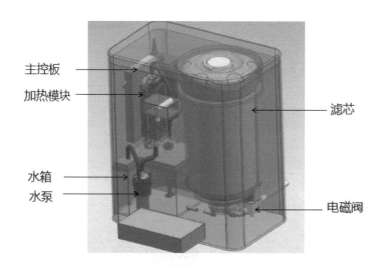

客户提供净水器产品初期内部结构示意图

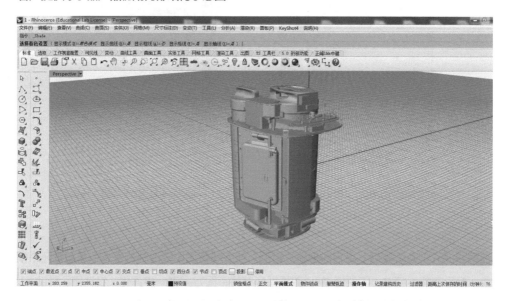

根据客户提供的结构功能布局，我们首先对产品内部结构进行了优化设计。

07：3D 外观设计模型图

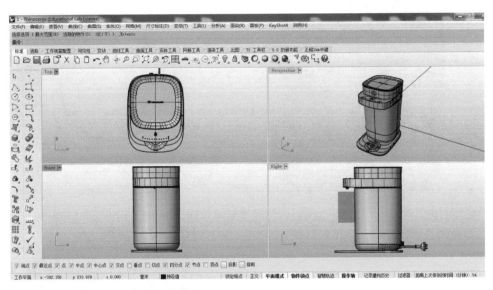

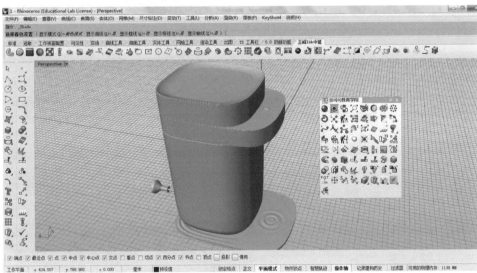

对产品内部结构进行优化设计后，我们根据确认后的 2D 效果图进行 3D 建模，对形体细节进行更进一步的推敲。

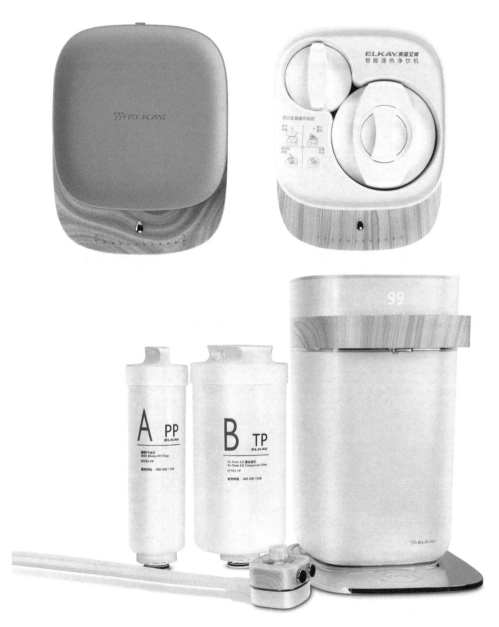

3D 建模完成后我们对产品进行渲染，通过 CMF（颜色、材质、表面处理）及光影效果将产品进行视觉化呈现。

净水器外壳主体材料采用食用 PP，颜色以高亮乳白色为主，外加彰显大自然气息的木纹作为搭配，更好地体现"还原自然、将设计融入生活"的理念。

08：实物产品使用场景

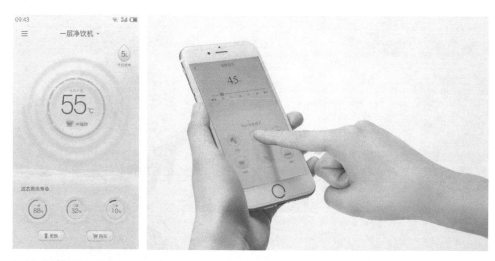

好的产品提供好的体验，颇具人性化的 3 秒速热，让舌尖不再历经漫长的等待，满足你的瞬时热饮需求。该产品打造 6 种多场景饮水模式，指尖轻触一键切换，满足你的个性化需求；移动端 APP 和净水机操作界面的双向设置，让你在 APP 智能交互的体验中随时喝到温度"刚好"的净水。"55°＋ ELKAY"净水智饮机，旨在还原水原来的样子，带给我们便捷、干净的净水新体验。

第 5 章

案例分享

5.1　案例分享（一）

贝尔塔·美杜莎耳机

项目背景

产品已上市，荣获 IF 国际大奖。

时尚、多彩是这款耳机的亮点。亮雾面的对比，让耳机更加时尚，也更"潮"。

挑战

在造型上打破常规耳机的形态，以简单的单一曲面的变化作为产品设计元素，让此款耳机做到极简。外壳为整体成型，无须拆件；内部为流线型设计，改变头戴式耳机一贯的耳罩式设计，让耳机更具特色，在市场上与其他的产品相比有更大的差异，传达神秘、魅惑、时尚的产品气质。

带给用户一种全新的使用方式。

美杜莎
Hi-Fi耳机

第一款能调节耳机大小
但不破坏整体外形的头戴式HIFI耳机

Design By LKK

设计流程图

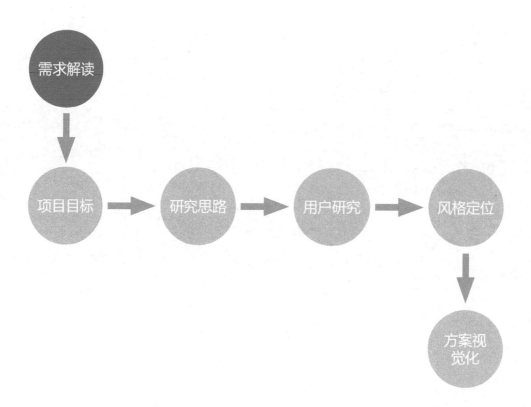

Born After 1990

第一步，需求解读——向变化的世界学习！

为年轻一代做设计，为未来做设计

It′s important to understand them!

　　"90后"是"80后"的派生词，指1990年1月1日至1999年12月31日出生的一代中国公民，有时泛指1990年以后至2000年之间出生的所有中国公民。"90后"在出生时改革开放已有显著成效，同时也是中国信息飞速发展的年代，所以"90后"可以说是信息时代的优先体验者。由于受中国计划生育政策的影响，"90后"普遍为独生子女。由于时代的发展和变化，"90后"的思想与理念与老一辈中国人有很大的不同。虽然社会上不乏对"90后"的批评，但"90后"的社会价值也渐渐得到了许多人的认可。在这批1990年后出生的一代中国公民中，"95后"以年轻、活跃、勇于接受新鲜事物的态度，被大众定义为"玩得酷、靠得住"的一代。"95后""玩得酷、靠得住"的性格标签也逐渐成为"90后"这一代人共同的先锋宣言。

深入他们的生活，观察他们、了解他们、变成他们！

We immense ourselves in their lives to observe them, understand them, and become them!

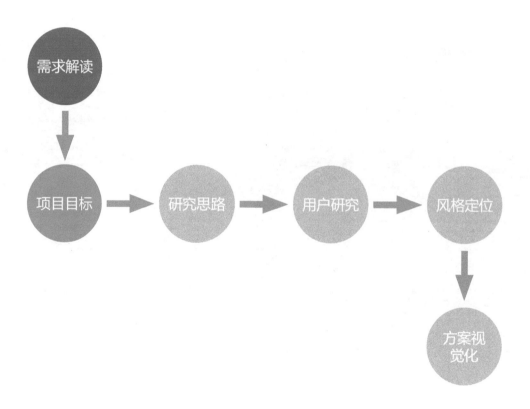

项目
目标

打造吸引目标用户的时尚耳机，突出人群特征

用户喜好是关键点

如何定义目标用户的喜好特征？

目标用户在生活中会如何使用耳机产品？

什么样的耳机会吸引目标用户？

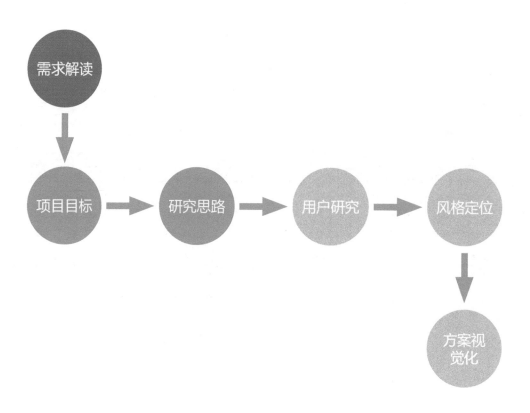

研究思路

对用户的 吸引力 是什么

生活方式特点

（衣、食、住、行、娱）

↓

产品角色定义

（用户生活中腕带手机扮演的角色）

↓

产品风格定义

（吸引目标用户的外观风格特征）

给谁用的——人群

干什么用的——功能、环境

为什么喜欢用——吸引点、记忆点

↓

差异化特征——创新概念

产品设计思维　　147

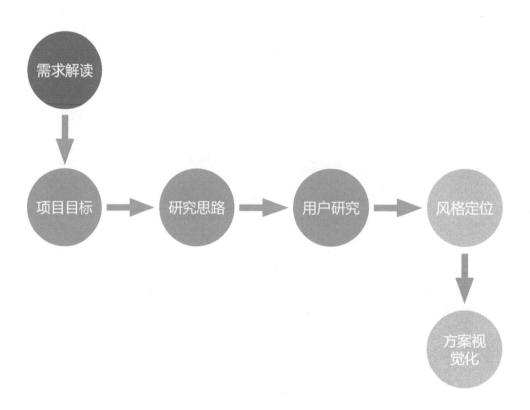

用户研究

深度访谈法

焦点小组法

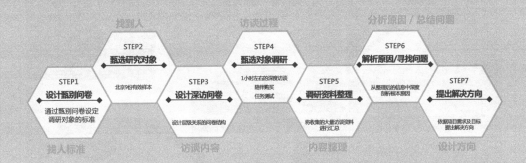

找到人　　　　　　　　　　　访谈过程　　　　　　　　　分析原因 / 总结问题

STEP2
甄选研究对象
北京9份有效样本

STEP4
甄选对象调研
1小时左右的深度访谈
陪伴需买
任务测试

STEP6
解析原因/寻找问题
从整理后的信息中深度
剖析根本原因

STEP1
设计甄别问卷
通过甄别问卷设定
调研对象的标准

STEP3
设计深访问卷
设计层级关系的问卷结构

STEP5
调研资料整理
将收集的大量访谈资料
进行汇总

STEP7
提出解决方向
依据项目需求及目标
提出解决方向

找人标准　　　　　　　　　　访谈内容　　　　　　　　内容整理　　　　　　　　设计方向

用户特征分析

什么是微夸张？

What Is Somewhat Exaggerated

另类但不异类

Different But Not Weird

个性但不个别

Individual Expression
In Group
Not Stand Alone

出位但不出轨

Standout but
Not Extreme

寻找
"90后"文化先锋

产品定位于"90后"文化先锋,他们是下一个时代的引领者,也是耳机品牌将来的蓝海!

Product positioned as 90's cultural spearhead, they are the leaders of next generation, this is the future of headphone brands.

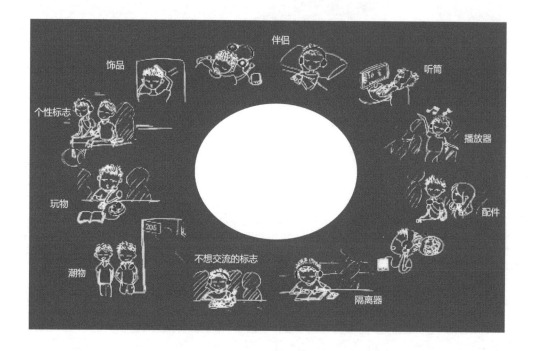

生活方式

Living Habit

微夸张已经成为了 "90 后" 的一种生活方式！

Somewhat exaggerated has became a living habit of the after 90's generation.

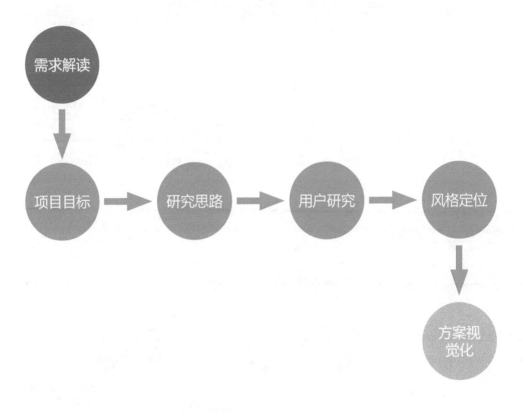

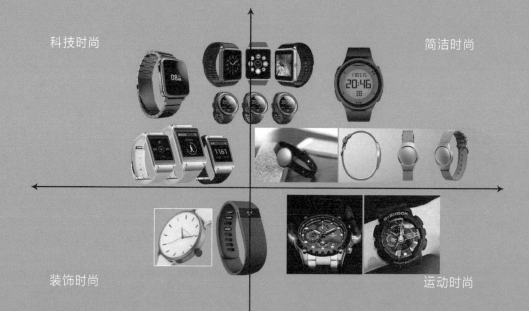

科技时尚

简洁时尚

装饰时尚

运动时尚

经典 9后

普通　夸张　微夸张　　普通　夸张　微夸张　　普通　夸张　微夸张

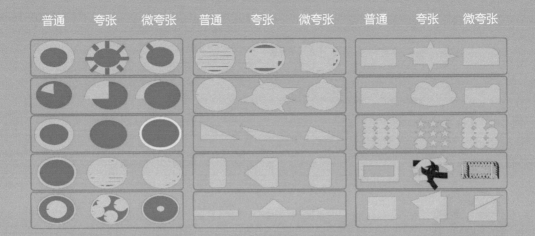

设计解读微夸张的程度
Our Method to Understand "Somewhat Exaggerated"

我们解读微夸张的现象
Our Understanding of Somewhat Exaggerated

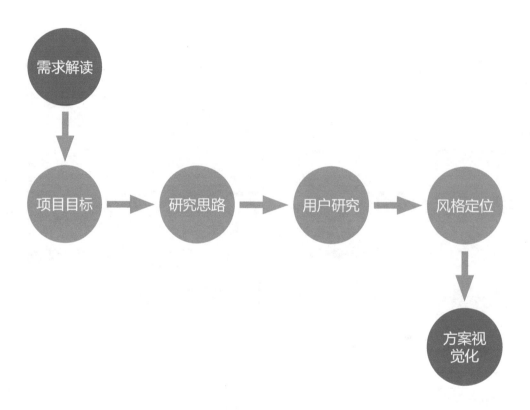

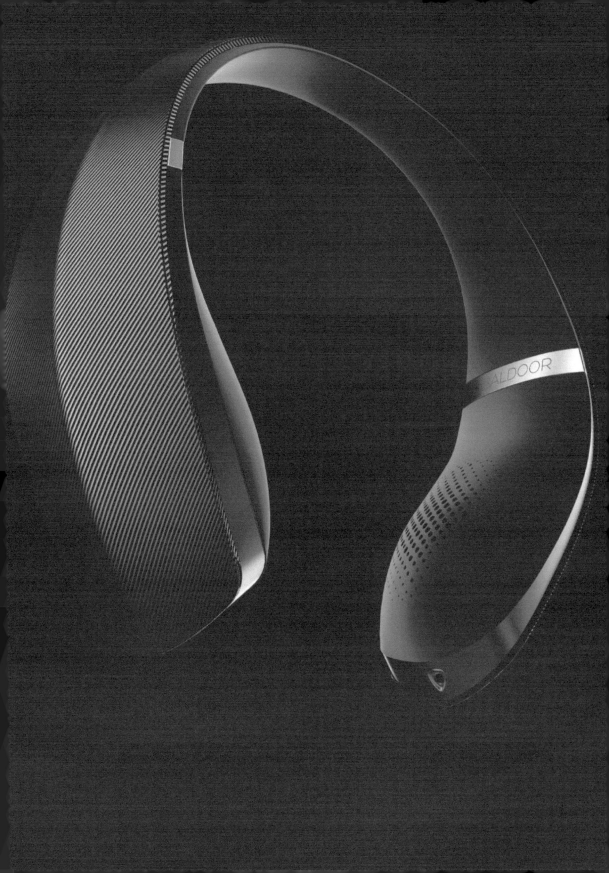

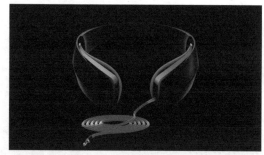

BALDOOR 贝尔悟

美杜莎
Hi-Fi耳机

扫码查看完整视频案例讲解

这样学习更简单

5.2 案例分享（二）

项目背景

众德迪克机器人产品已经上市，荣获 IF 国际大奖。

随着时代的发展、科技的进步，机器人的利用率日益提高，开始出现在我们生活中的每一处，例如"刀削面机器人""扫地式机器人""防爆机器人"等。此类机器人已成为日常生活不可或缺的一部分。

项目的创新点在于外形上采用人体曲线感，内部结构通过仿生人体脊柱骨架，令整体重心后移，增加各个方向的撞击稳定性。

众德迪克服务型机器人

机器人 + 服务员 + 科技

服务机器人"丰富的表情"

"机器人"

挑战

设计服务型机器人在于如何把握机器人从非人到拟人的度，同时机器人需要大量高难度的机械结构的设计与研发。在服务理念上设计机器人，对于如何切入到服务接触点中是一个难题！

解决方案

我们把设计的机器人风格定义为科技萌，"科技萌"这一词汇也是洛可可为机器人独创的风格意向，我们同步深度分析服务历程及机器人与用户之间的关系，打造了一款超级智能机器人！

成果总结

产品已经上市，在几个高端餐厅里，我们已经能够享受到此类机器人的服务了！在 2015 米兰世博会上，它代表中国的先进机器人技术进行了深度亮相！

ROBOT-01
智能服务机器人
众德迪克科技（北京）有限公司
DESIGN BY LKK

草图设计深入
CONCEPT A

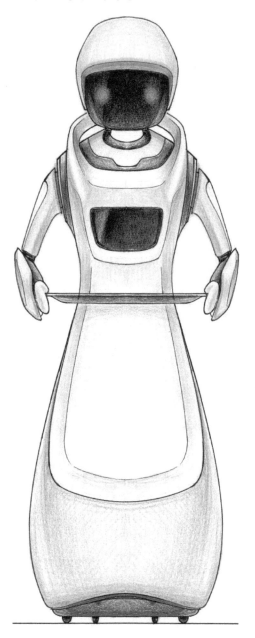

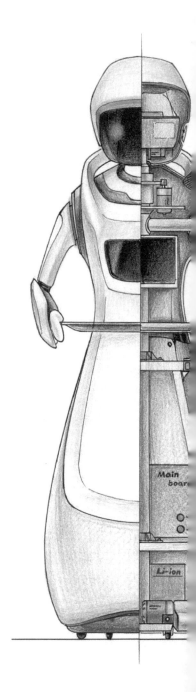

Main board

Li-ion

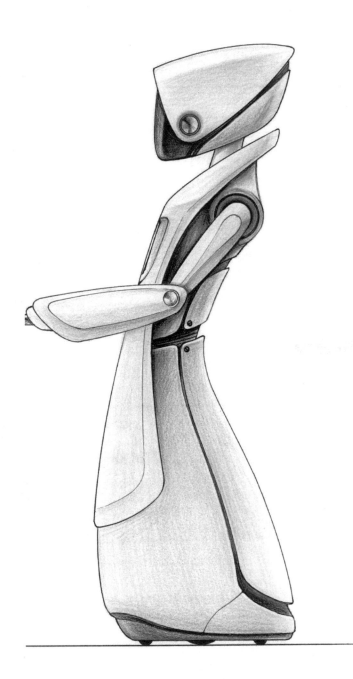

三维建模
CONCEPT A

三维建模
CONCEPT B

三维建模
CONCEPT C

正常工作

装菜模式

正常工作（工作完成空盘状态）

开心

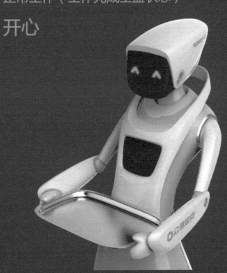

正常工作（遇到阻挡）

着急

正常工作（遇到错误操作）

疑惑

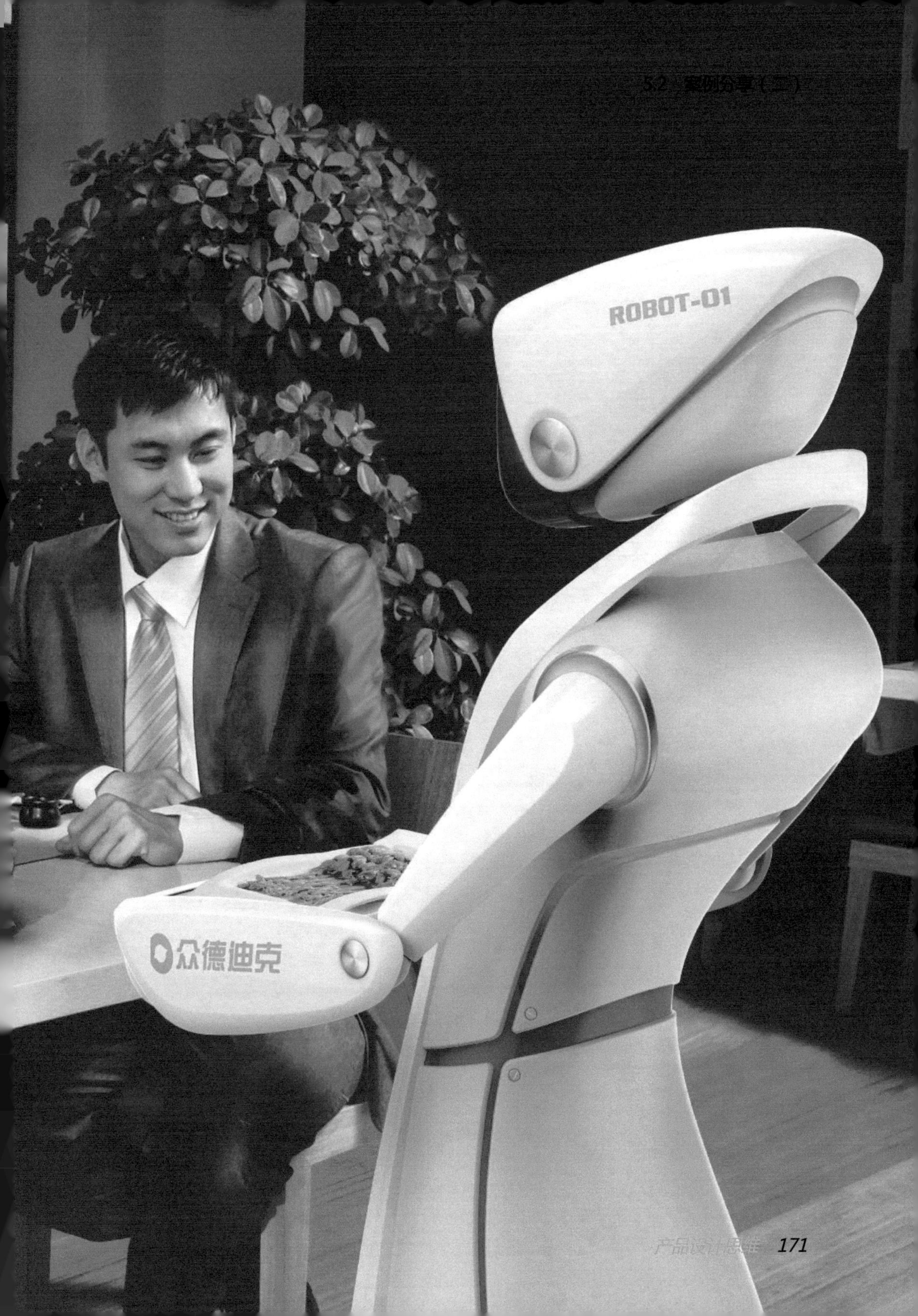
ROBOT-01
众德迪克

正常工作（送餐过程）

微笑

看、思、学、作

5.3　案例学习计划

如果认真完成设计的 "案例学习计划"，相信大家将很快就能成就自己的设计师梦想。

"做"

设计不是一朝一夕就能成功的，只有做得多了才能拥有出色的设计水平和宝贵的设计经验。既然选择了设计师这个职业，就要有耐心，努力做得出色。虽然会遇到很多困难和挫折，但不要退缩与放弃，唯有如此，才能提高设计能力、获得设计经验。所以你需要做的就是朝前看，自信地坚持走下去，你的脚步总有一天会踏上平坦的道路，到那时，成功就在你面前向你招手。

巧克力移动电源

简单、简洁的整体造型，产品使用过程中情感部分的表达，影响到了形体的表达，带给人一种新的使用体验。

美杜莎头戴式耳机

产品拥有非常时尚的外观，并创新了一体 IML 生产工艺，结构上创新设计出了内滑轨，满足不同人群的使用，同时外观上不再被破坏。

上上签名片夹

现代的产品造型融入了经典的文化元素，给人新的视觉感受，学会继承与发展创新。使用功能与文化形态结合得非常巧妙。

自我创新项目要求

设计发现生活中用情感可以改变使用体验的小型电子产品，创新的使用方式，将情感因素附加在形体特征之上 + 极简的造型语言与巧妙的细节处理。

自我创新项目要求

造型上学会使用简洁的形体表达与巧妙的细节处理，设计一款流动曲线的头戴式耳机，一体化造型，技术上、材料上需要有创新点。时尚简洁的设计语言 + 产品结构创新与生产技术上的突破，带来产品新的使用体验。造型上学会柔美线条的形体表达。

自我创新项目要求

设计一款具有文化意蕴的小产品，产品需要有现代生活中的需求——现代简洁的造型 + 经典文化符号的运用，文化元素的使用与功能结合得恰到好处。造型上学会提炼传统文化的复杂元素。

此训练时间为期一年，每个项目研究学习
周期为一个月，前两周研究临摹获奖产品，
后两周自己创新设计一款同类产品

ABB I/O
产品的外观形象与产品的
品牌 LOGO 有非常紧密的
关系。产品造型细节丰富，
且视觉效果主次清晰，整
体性语言表达到位。

自我创新项目要求
设计任意类型的一款小
产品，首先需要从企业
LOGO 思考视觉化概念，
分析其特征元素与线条关
系，将其特征融入产品大
的形体设计中，巧妙地处
理整体与细节的关系，完
成设计。
造型上学会品牌特征在产
品上的传承。

欧姆龙空气净化器设计
产品丰富的曲面造型，流
动的线条富有韵律，界面
整体简洁、人性化。造型
语言整体清晰，符合现代
家居风格，并有自己独有
的识别特征。

自我创新项目要求
设计一款家用空气净化器，
线条柔美，富有律动感，要
做到整体曲线和造型语言统
一。造型柔美但不"肉"。
学习曲线的运用法则。
造型上学会复杂韵律感的
曲线形体表达。

徐工 60 吨特种矿山卡车
一体式造型的前脸设计，
给观者强烈的视觉冲击。
驾驶室呈梯形布局，与整
体形态相延续，使顶部防
翻滚钢梁更加稳固，产品
气势十足。

自我创新项目要求
设计一款交通工具。掌握如
何使大形体在视觉上缩小，
从整体上把握造型的处理。
造型上学会运用综合复杂
线条的造型表达形式。

产品设计 / 我们的第一本教材

持续关注我们，未来学习到更多

Industrial Design

THANK YOU

让创意 发生

为设计 发声

ZCOOL 站酷
www.zcool.com.cn

扫一扫，下载站酷APP
把站酷和 酷友装进手机